クレーム事象から学ぶ

「エクステリア工事」
設計・施工のポイント Part1

一般社団法人 **日本エクステリア学会** 編著

建築資料研究社

出版に寄せて

　日本の住まいには"庭づくり"という伝統があり、造園という名の業種が古くから存在して、日本の住宅の外部空間づくりを担ってきました。しかし、近年、住宅を取り巻く外部住空間は大きく変わったため、従来の"庭づくり"だけでは解決できなくなってきています。住まいの敷地内だけではなく、街づくりや景観など公共的空間や持続的自然環境の視点も加えて、住環境を捉える必要が出てきました。

　こうした背景により、総合的に外部環境を捉える"エクステリア"という概念が生まれました。全国の自治体などでも、「街づくり条例」や「景観条例」などの名称で街並み景観や街づくりを意識したエクステリア計画を推進しつつあります。そして、「エクステリア工事」などの名のもとに、全国多数の方々がエクステリア分野に参画し、外部住空間の設計および施工に携わるようになっています。

　しかし、"エクステリア"という言葉が意味するところの理解も含めて、「エクステリア工事」の設計や施工についての確たる拠り所が明確に示されないまま進んでいるのが実情です。したがって、景観や周囲の自然環境との調和を図りながら、同時に住む人の快適で豊かな住環境の向上を実現する"エクステリア"分野の重要性は今ますます高まっており、現在、その設計や施工などにおける基準の整備が急ぎ求められているといえるでしょう。

　以上のような問題意識を持つ有志が集い、「エクステリア品質向上委員会」の名のもとに活動を始め、この委員会活動を前身として 2013 年 4 月に「一般社団法人 日本エクステリア学会」が発足しました。

　日本エクステリア学会では現在、エクステリア業界に関係する多くの人々の参加を募りながら、エクステリア分野における基準の整備やエクステリアについての知識の普及の一環として、技術委員会、品質向上委員会、歴史委員会、製品開発委員会、植栽委員会、製図規格委員会、街並み委員会、国際委員会を組織して活動しています。そして、2014 年より活動の成果を順次書籍としてまとめ出版してきました。今回の『クレーム事象から学ぶ「エクステリア工事」設計・施工のポイント Part1 』は学会が上梓する書籍として 6 冊目になります。

　これまでの日本エクステリア学会が上梓した書籍の中には、エクステリアや造園分野に従事し関わってきた、そして、植物や植栽などの研究、エクステリア製品分野の開発などに携わってきた多くの先人・先輩の業績や技術、知見、研究が凝縮されています。技術や知識は一朝一夕には完成できないものであり、多くの方々が関わる中で常に更新と進歩を繰り返していくものです。今回『クレーム事象から学ぶ「エクステリア工事」設計・施工のポイント Part1 』を上梓するにあたっても、改めて多くの先人・先輩に感謝するとともに、私たちが編集した書籍が現在エクステリアに関わる人々に広く資するものであることを願い、またエクステリアの技術や知識の正統な継承やたゆまぬ進歩と発展につながることを期待しています。

2020 年 2 月吉日

一般社団法人 日本エクステリア学会

代表理事　吉田克己

2

はじめに

　エクステリア工事においてクレームにつながる事象の多くは施工後に発生することが多く、その原因は様々であり、発生を未然に防ぐことは難しいと言われてきました。

　では何故クレームが発生するのでしょうか？　たとえば、クレームで一番多いとされる変色や白華事象については、そのメカニズムを十分に理解していないために発生してしまったり、工事計画段階で計画者や施工者の事象発生に対する理解が足りなかったことが原因かもしれません。計画者の知識の範囲内でデザインが先行してしまったり、施工者の経験だけに頼った施工計画を組んでしまったことで事象が発生してしまう例は、少なくないと考えられます。事前にクレームになりうる事象を理解して設計・施工計画・施工を行えば、事象発生は激減するはずです。

　また、発生してしまった場合でも、事象を理解して速やかに対応することで、クレームに発展しない状況がつくれるはずです。クレームのないエクステリア工事は実現できます。同時に使用材料の基礎知識と留意事項も理解して計画することも大切です。

　一般社団法人 日本エクステリア学会では、快適で豊かな住空間の向上や、人や地域で信頼され、適切な施工・管理・積算をするための基準づくりを目的として前身である「エクステリア品質向上委員会」を立ち上げて以来、これまでに『エクステリアの施工規準と標準図及び積算 塀編』『エクステリアの施工規準と標準図及び積算 床舗装・縁取り・土留め編』などの書籍を出版してきました。そして、2015年後期からは、新たに「技術委員会」を立ち上げ、エクステリア工事におけるクレーム例を集めて分析し、クレームに対する原因・対策・改善案・解決案を検討してきましたが、それをまとめたのが本書となります。

　本書は、エクステリア工事のクレーム事象に対して原因・対策を明確にし、計画者・施工者・管理者が事象を理解して、今後の工事においてクレーム事象が発生しなくなるように設計・施工のポイントをまとめました。エクステリアに携わるすべての方々や各教育機関などで、今後エクステリアに携わる方々への参考図書として活用していただきたいと考えております。

　しかし、まだまだ全ての事象を掲載している状況ではありません。今後、さらに事象例を増やしていき本書の「Part2」の出版へ向けた活動を続けていきます。本書を手に取ってお読みいただいている皆様にも、ぜひ編集に参加していただいたり、事象例がありましたら日本エクステリア学会までお送りいただければと希望しております。エクステリア業界の発展のためにも、たくさんのご意見やご指摘をいただければ幸いと考えております。

2020年2月
一般社団法人 日本エクステリア学会 技術委員会
技術委員長　小林義幸

■日本エクステリア学会　技術委員会

小林　義幸	有限会社エクスパラダ	小沼　裕一	エスビック株式会社
齊藤　康夫	有限会社藤興	小林　秀樹*	元株式会社LIXIL
青島　鉄雄	ガーデンサービス株式会社	松本　好眞	松本煉瓦株式会社
麻生　茂夫	有限会社創園社	吉田　克己	吉田造園設計工房
伊藤　英	住友林業緑化株式会社	奈村　康裕	エヌ．エクス株式会社
大橋　芳信	日之出建材株式会社	＊2020年1月に逝去	

目次

出版に寄せて ……………………………………………………………………………… 2

はじめに …………………………………………………………………………………… 3

第1章　材料の基礎知識と留意事項

コンクリートブロック ………………………………………………………… 8

コンクリート床製品 インターロッキングブロック ……………… 10

コンクリート ……………………………………………………………………… 12

煉瓦 ………………………………………………………………………………………… 16

左官・塗装 …………………………………………………………………………… 18

アスファルト ………………………………………………………………………… 20

タイル …………………………………………………………………………………… 22

石材 ………………………………………………………………………………………… 24

金物・樹脂 …………………………………………………………………………… 26

木材 ウッドデッキ材 ………………………………………………………… 28

植栽 ………………………………………………………………………………………… 30

ユニバーサルデザイン ……………………………………………………… 34

積雪と強風についての基礎知識 ………………………………………… 36

第2章　門・塀で起こる事象

事象01 ブロック造 白華 …………………………………………………… 38

事象02 ブロック造 ひび割れ …………………………………………… 39

事象03 ブロック造 変色 …………………………………………………… 40

事象04 ブロック造 剥離・膨張破裂 ……………………………… 41

事象05 ブロック造 凍害・塩害 ……………………………………… 42

事象06 ブロック造 その他（基礎・耐久性） ……………… 43

事象07 コンクリート造 白華・ポップアウト ………………… 44

事象08 コンクリート造 錆・開口部クラック ………………… 45

事象09 煉瓦造 白華 …………………………………………………………… 46

事象10 煉瓦造 凍害 …………………………………………………………… 47

事象11 左官・塗装仕上げ 白華 ……………………………………… 48

事象12 左官・塗装仕上げ 塗膜不良・膨張 ………………… 49

事象13 左官・塗装仕上げ 凍害・カビ ………………………… 50

事象14 左官・塗装仕上げ 汚れ・雨だれ・変色 ………… 51

事象15 タイル仕上げ 白華・変色 …………………………………… 52

事象16 タイル仕上げ ひび割れ ……………………………………… 53

事象17 石材仕上げ 大谷石劣化 ……………………………………… 54

事象18 樹脂 フェンスの伸縮 …………………………………………… 55

事象19 その他 万年塀劣化 ……………………………………………… 56

第3章　床で起こる事象

事象20 インターロッキングブロック等 **白華** ……………………………… 58

事象21 インターロッキングブロック等 **表層剥離・欠損** ……………… 59

事象22 コンクリート造 **白華** ……………………………………………… 60

事象23 コンクリート造 **ひび割れ** ……………………………………… 61

事象24 コンクリート造 **色むら** ………………………………………… 62

事象25 煉瓦造 **破損・破裂** ……………………………………………… 63

事象26 アスファルト **沈下・隆起** ……………………………………… 64

事象27 アスファルト **錆発生・骨材剥がれ・苔** ………………………… 65

事象28 タイル仕上げ **白華・汚れ** ……………………………………… 66

事象29 タイル仕上げ **割れ・欠け** ……………………………………… 67

事象30 自然石仕上げ **凹凸・ひび割れ** ………………………………… 68

事象31 自然石仕上げ **表層剥離・錆・白華** …………………………… 69

事象32 天然木 **ひび割れ・腐食・ささくれ** …………………………… 70

事象33 樹脂デッキ **反り・ひび割れ・変位** …………………………… 71

事象34 その他 **真砂土舗装の苔・表面剥離・割れ** …………………… 72

第4章　植栽で起こる事象

事象35 樹木の枯損 **土壌悪化と日照不足** ……………………………… 74

事象36 樹木の枯損 **土量不足** …………………………………………… 75

事象37 樹木の枯損 **土壌の目詰まり** …………………………………… 76

事象38 樹木の枯損 **水切れ・乾燥** ……………………………………… 77

事象39 樹木の枯損 **植栽余地不足** ……………………………………… 78

事象40 樹木の枯損 **地形と灌水不足** …………………………………… 79

事象41 樹木の枯損 **土壌悪化と水切れ** ………………………………… 80

事象42 樹木の枯損 **排水の悪化** ………………………………………… 81

事象43 樹木の枯損 **風害** ………………………………………………… 82

事象44 樹木の枯損 **踏圧による障害** …………………………………… 83

事象45 樹木の枯損 **塩害** ………………………………………………… 84

事象46 樹木の枯損 **水切れ** ……………………………………………… 85

事象47 樹木の枯損 **既存地盤不良** ……………………………………… 86

事象48 樹木の枯損 **深植え** ……………………………………………… 87

事象49 樹木の障害 **傾き(風害)** ………………………………………… 88

事象50 樹木の障害 **花つきが悪い** ……………………………………… 89

事象51 樹木の障害 **越境樹木** …………………………………………… 90

事象52 樹木の障害 **落葉樹の落ち葉** …………………………………… 91

事象53 樹木の虫害 **アブラムシ・アメリカシロヒトリ** ……………… 92

事象54 樹木の虫害 **穿孔虫類(テッポウムシ)** ………………………… 93

事象55 樹木の病害 **うどんこ病・赤星病** ……………………………… 94

付録1 白華防止対策 ……………………………………………………… 95

付録2 エクステリア関連法規 …………………………………………… 99

第1章 材料の基礎知識と留意事項

エクステリア工事で使用される主な材料に関する知識と、設計・施工における留意事項について、日本産業規格（JIS）などによる製品規格、建築基準法や日本建築学会の建築工事標準仕様書（JASS）などに準じた設計・施工における基本的事項をまとめている。

エクステリアの材料

10種類の材料と植栽、さらにユニバーサルデザインについてまとめている

材料に関する基礎知識

JIS などの製品規格を中心にまとめている

計画・施工における留意点

建築基準法などの法律や、JASS などを中心にまとめている

その他、材料の種類ごとに、必要と思われる事項を加えている。

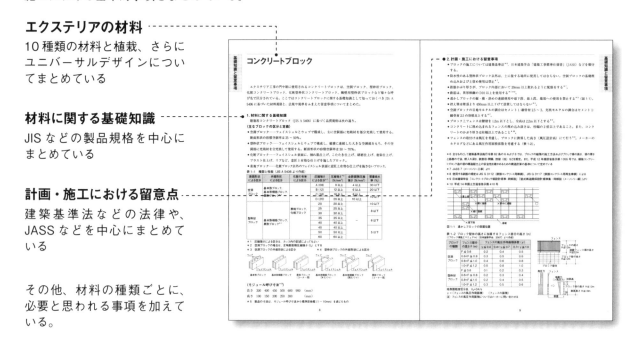

第2章 門・塀で起こる事象／第3章 床で起こる事象／第4章 植栽で起こる事象

門・塀と床に分けて章を構成。さらに、植栽に関して一つの章を設けた。各ページは、工法や仕上げ別（植栽は樹木の枯損・障害・虫害・病害で区分）にクレームになるような事象を取り上げ、事象全般における一般的解説と、現場の事例写真について原因と対策をまとめている。

工法・仕上げで区分

門・塀、床、植栽で区分

現場写真

事象が発生した現場の状況

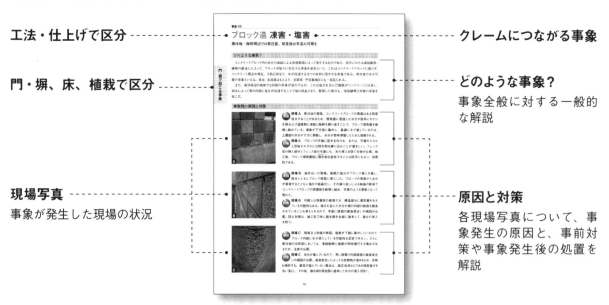

クレームにつながる事象

どのような事象？

事象全般に対する一般的な解説

原因と対策

各現場写真について、事象発生の原因と、事前対策や事象発生後の処置を解説

本書で使用している略称

日本産業規格＝JIS

日本建築学会 建築工事標準仕様書＝JASS

第1章　材料の基礎知識と留意事項

　門や塀そして床などのエクステリア工事は、コンクリートブロック、インターロッキングブロック、煉瓦、タイルなどの製品、コンクリート、アスファルトなどの材料、左官材、塗料、自然石なども含めると、実に多くの製品や材料を使用して施工されている。したがって、施工後に発生するクレームにつながるような事象も様々な形で現れるが、クレーム対策としての第一歩は、使用する材料の特徴や使用場所について、正しい知識を身につけることである。また、建築物に付属する門・塀は建築物であるので、建築基準法をはじめとする関連法規に適合した計画・施工を行う必要がある。

　本章では、エクステリア工事で使用される主な材料と計画・施工上の留意点について、これだけは知っていてもらいたいと思う基本的な事柄をまとめた。

コンクリートブロック

　エクステリア工事の門や塀に使用されるコンクリートブロックは、空洞ブロック、型枠状ブロック、化粧コンクリートブロック、化粧型枠状コンクリートブロック、擁壁用型枠状ブロックなど様々な呼び名で区分されている。ここではコンクリートブロックに関する基礎知識として知っておくべき JIS A 5406 に基づいた材料規格と、法規や規準をふまえた留意事項についてまとめた。

1. 材料に関する基礎知識
　建築用コンクリートブロック（JIS A 5406）に基づく品質規格は次の通り。
〈主なブロックの区分と定義〉
● 空洞ブロック……フェイスシェルとウェブで構成し、主に空洞部に充填材を部分充填して使用する。断面形状の容積空洞率は 25 〜 50％。
● 型枠状ブロック……フェイスシェルとウェブで構成し、縦横に連続した大きな空洞部をもち、その空洞部に充填材を全充填して使用する。断面形状の容積空洞率は 50 〜 70％。
● 化粧ブロック……フェイスシェル表面に、割れ肌仕上げ、こたたき仕上げ、研磨仕上げ、塗装仕上げ、ブラスト仕上げ、リブなど、意匠上有効な仕上げを施したブロック。
● 素地ブロック……化粧ブロック以外のフェイスシェル表面に意匠上有効な仕上げを施さないブロック。

表 1-1　種類と性能（JIS A 5406 より作成）

断面形状による区分	外部形状による区分	化粧の有無による区分	圧縮強さによる区分[1]	圧縮強さ[2] (N/mm²)	全断面積圧縮強さ (N/mm²)	質量吸水率 (%)
空洞ブロック	基本形ブロック、基本形横筋ブロック、異形ブロック[3]	素地ブロック、化粧ブロック	A (08)	8 以上	4 以上	30 以下
			B (12)	12 以上	6 以上	20 以下
			C (16)	16 以上	8 以上	10 以下
			D (20)	20 以上	10 以上	
型枠状ブロック	基本形横筋ブロック、異形ブロック[4]		20	20 以上	－	10 以下
			25	25 以上		8 以下
			30	30 以上		
			35	35 以上		6 以下
			40	40 以上		
			45	45 以上		5 以下
			50	50 以上		
			60	60 以上		

＊1　圧縮強さによる区分は、カッコ内の記述によってもよい
＊2　空洞ブロックの場合は、正味断面積圧縮強さ（f_2）とする
＊3　空洞ブロックの外部形状による区分　　　　＊4　型枠状ブロックの外部形状による区分

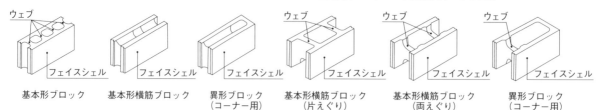

| 基本形ブロック | 基本形横筋ブロック | 異形ブロック（コーナー用） | 基本形横筋ブロック（片えぐり） | 基本形横筋ブロック（両えぐり） | 異形ブロック（コーナー用） |

〈モジュール呼び寸法[5]〉
長さ　300　400　450　500　600　900　（mm）
高さ　100　150　200　250　300　　　　（mm）
＊5　製品の寸法は、モジュール呼び寸法から標準目地幅（1 〜 10mm）を減じたもの

2. 計画・施工における留意事項

- ブロックの施工については建築基準法[6]、日本建築学会「建築工事標準仕様書」（JASS）などを順守する。
- 防水性のある型枠状ブロック以外は、土に接する場所に使用してはならない。空洞ブロックの基礎埋め込みおよび土留め使用は禁止[7]。
- 鉄筋かぶり厚さが、ブロック内部において 20mm 以上取れるように配筋をする[7]。
- 鉄筋は、異形棒鋼の D10 以上を使用する[7][8]。
- 透かしブロックの縦・横・斜めの連続使用や最下段、最上段、端部への使用を禁止する[9]（図1-1）。
- 控え壁は壁頂より 450mm 以上下げて設置してはならない[9]。
- 空洞ブロックの目地モルタルの調合はセメント 1:細骨材 2.5 ～ 3、充填モルタルの調合はセメント 1:細骨材 2.5 の容積比とする[7]。
- ブロック上フェンスは腰壁を 1.2m 以下とし、全高は 2.2m 以下とする[9]。
- コンクリートに埋め込まれるフェンスの埋め込み深さは、柱幅の 2 倍以上であること。また、コンクリートのかぶり厚さは柱幅以上であること[10]。
- フェンスの取付けは風圧を考慮し、ブロックに換算した高さ（風圧設計高）にて行う[9]。メーカーのカタログなどにある風圧作用面積係数を考慮する（表1-2）。

---

*6 主なものとして建築基準法施行令第 62 条の 6 および 8 では、ブロックの組積の施工方法およびブロック塀の高さ、塀の厚さと基礎の寸法、根入れ深さ、鉄筋径・間隔、控壁（柱）などを規定。また、平成 12 年建設省告示第 1355 号では、補強コンクリートブロック造の塀の構造耐力上の安全性を確かめるための構造計算の基準について定めている

*7 JASS 7（メーソンリー工事）より

*8 使用する鉄筋の規定は JIS G 3112（鉄筋コンクリート用棒鋼）、JIS G 3117（鉄筋コンクリート用再生棒鋼）による

*9 日本建築学会「コンクリートブロック塀設計規準・同解説」『壁式構造関係設計規準集・同解説（メーソンリー編）』より

*10 平成 14 年国土交通省告示第 410 号

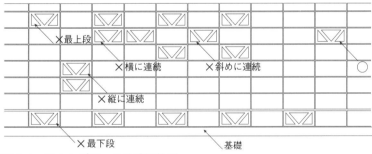

図 1-1　透かしブロックの設置位置

表 1-2　ブロック壁体の高さに加算するフェンス部分の高さ（m）
（『ブロック塀施工マニュアル』[日本建築学会、2007] より作成）

ブロックの種類	フェンス部分の高さ F（m）	フェンスの風圧作用面積係数（γ）		
		γ≦0.4	0.4<γ≦0.7	0.7<γ≦1.0
空洞ブロック	F≦0.6	0.2	0.4	0.5
	0.6<F≦0.8	0.3	0.5	0.6
	0.8<F≦1.0	0.4	0.6	0.8
	1.0<F≦1.2	0.5	0.8	1.0
型枠状ブロック	F≦0.6	0.1	0.2	0.3
	0.6<F≦0.8	0.2	0.3	0.4
	0.8<F≦1.0	0.2	0.4	0.5
	1.0<F≦1.2	0.3	0.5	0.6

地表面粗度区分Ⅲ、V_0=34/s

γ ＝（フェンスの風圧作用面積）／（フェンスの面積）

注）フェンスの風圧作用面積についてはメーカーに問い合わせる

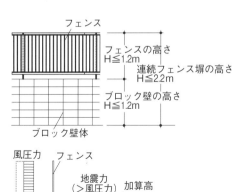

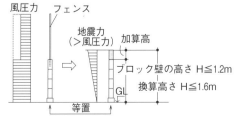

コンクリート床製品
インターロッキングブロック

　ここではコンクリート床製品の代表的なものとして主に使われているインターロッキングブロックについて、材料の基礎的な知識と施工を含めた留意点についてまとめる。インターロッキングブロックの材料の規格は、JIS A 5371（プレキャスト無筋コンクリート製品）の中の推奨仕様B-3に基づく。

1. 材料に関する基礎知識

　インターロッキングブロックは一般呼称であり、JISではプレキャスト無筋コンクリート製品（JIS A 5371: 推奨仕様B-3）に品質規格が定められている。主な種類や性能は次の通り。

表1-3　種類と性能（JIS A 5371: 推奨仕様B-3より作成）

種類	称号	呼び（厚さ区分、mm）	曲げ強度による区分	曲げ強度（N/mm²）	圧縮強度（N/mm²）	主な用途
普通ブロック	N	60、80	3	3.0	17.0	歩道用
			5	5.0	32.0	歩道、車道用
透水性ブロック	P	60、80	3	3.0	17.0	歩道用
			5	5.0	32.0	歩道、車道用
保水性ブロック	M	60、80	3	3.0	17.0	歩道用
			5	5.0	32.0	歩道、車道用

- 機能区分には、表1-3の普通タイプ、透水性タイプ、保水性タイプのほか、遮熱性タイプ、植生用タイプ、視覚障害者誘導用タイプなどの種類がある[1]。
- 形状区分として、長方形タイプ、正方形タイプ、多角形タイプがある。
- 意匠区分として、標準タイプ、表面化粧タイプがある。

2. 計画・施工における留意事項

- 人や自転車のみが乗り入れる場合には厚さ60mmタイプを、車が乗り入れる場合には厚さ80mmタイプを、それぞれ使用する[1]（表1-4、表1-5）。
- 敷砂の厚さは、人や自転車のみが乗り入れる場合には30mm、車が乗り入れる場合には20mmとする[1]（表1-4、表1-5）。
- 人や自転車、乗用車が乗り入れる場合には曲げ強度3.0N/mm²以上の製品を使用する。乗用車よりも大きい車が乗り入れる場合には、曲げ強度5.0N/mm²以上の製品を使用する[2]。
- 敷砂に空練りモルタルや再生砂を使うと白華や滞水などの原因になるので、敷砂には必ず天然砂を使用する。
- 路盤の締固めが不十分であったり、粒子の粗い再生砕石を使用した場合は路盤に隙間ができ、不陸の大きな原因となる。また、透水シートを使用することにより、不陸を防ぐことができる。
- 施工場所内のマンホール、縁石、集水桝の高さを十分考慮した施工計画が必要。
- 水勾配は敷砂ではなく、必ず路盤でとらないと不陸の原因となる。
- インターロッキングブロックの標準舗装構造図は、（一社）インターロッキングブロック舗装技術協会（JIPEA）による仕様[3]を参照すること。

＊1　JASS 7より
＊2　JIS A 5371（プレキャスト無筋コンクリート製品）
＊3　インターロッキングブロック舗装技術協会『インターロッキングブロック舗装設計施工要領』（2017年）

表1-4　歩行者、自転車、車椅子が通行する広場や歩道の舗装構造（JASS 7）

種類	材質	インターロッキングブロック層			路盤	フィルター層
		ブロック(mm)	敷砂(mm)	透水シート	クラッシャーラン(mm)	
普通	れんがコンクリート*4	60	30	—	100	—
透水性	れんがコンクリート*4	60	30	不織布	100	砂（50mm厚）または不織布
植生*5	れんがコンクリート*4	80	30	不織布	100	砂（50mm厚）または不織布

＊4　コンクリート製ブロックの寸法が、298×598、398×598、398×398、448×448、498×498mm の場合、厚さ80mm とする
＊5　植生ブロックは、厚さ100mm も使用することができる

表1-5　乗用車、小型貨物自動車（300台未満／日）を対象とした駐車場（駐車スペースと車路）の舗装構造（JASS 7）

種類	材質	インターロッキングブロック層			上層路盤	下層路盤		フィルター層	設計CBR(%)*6	路床条件*7
		ブロック(mm)	敷砂(mm)	透水シート	粒度調整砕石(mm)	クラッシャーラン(mm)	割増厚クラッシャーラン(mm)			
普通	れんが	60	20	—	100	130	—	—	3	—
					70	70			4以上	
	コンクリート	80		—	70	70			3以上	
透水性植生*8	れんが	60	20	不織布	—	280	—	砂(100mm厚)または不織布	3	A
						160	—		4以上	A
						280	210		3	B
						160	170		3以上	B
	コンクリート	80	20	不織布	—	160	180	砂(100mm厚)または不織布	3以上	A
										B

＊6　路床や路盤の支持力を表す指標。路床や路盤材料の表面に直径50mm のピストンが2.5mm または5.0mm 貫入したときの荷重を、標準荷重に対する百分率で表す（JIS A 1211　CBR試験方法）
＊7　路床条件A：砂質系で路床下へ浸透させる場合、あるいは集水管・放流孔で排水する場合
　　　路床条件B：粘性系で集水管・放流孔を設置せず、路床下への浸透で対応する場合
＊8　植生ブロックで厚さ100mm を使用する場合は、割増厚の計算が必要になる
●煉瓦製やコンクリート製を普通乗用車の駐車スペース等に使用する場合は、厚さ60mm を適用することができる
●乗用車専用の駐車場は、ブロックの曲げ強度を3.0MPa 以上とする
●路床の設計CBR は3％以上とし、3％未満の場合は現状路床の安定処理や良質土による置換などを行って路床の支持力を高める
●JASS 7 では舗装構造としてコンクリート（インターロッキングブロック）と煉瓦も規定している。煉瓦については p.16 参照

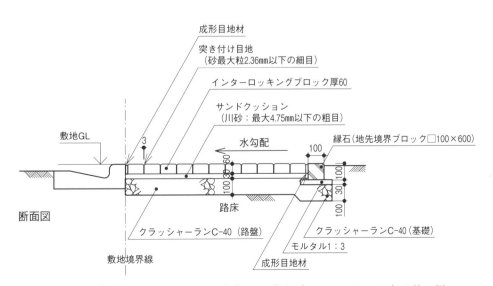

図1-2　歩行用床舗装インターロッキングブロック敷き（200×100×60）の施工例

11

コンクリート

コンクリートは、砂（細骨材）、砂利（粗骨材）などを水とセメントで凝固させた材料である（図1-3）。したがって、それぞれの材料に対応したJIS規格がある。また、建築・土木工事の材料として幅広く利用されており、その種類も多様である。現在の施工現場では、生コン（レディミクストコンクリート）を使用することが多い。ここでは、エクステリアの塀や床の計画・施工において必要となる知識に絞って紹介する。

図1-3　コンクリートの製造工程

1. 材料に関する基礎知識

〈コンクリートの種類〉

コンクリートの気乾単位容積質量による種類は以下となる（JASS 5、重量コンクリートは省略）。

- 普通コンクリート（気乾単位容積質量は、2.3t/m³前後）
- 軽量コンクリート1種（骨材の一部が軽量骨材、気乾単位容積質量は、1.8t/m³～2.1t/m³）
- 軽量コンクリート2種（骨材の全部が軽量骨材、気乾単位容積質量は、1.4t/m³～1.8t/m³）

〈レディミクストコンクリートの種類と骨材、呼名〉

レディミクストコンクリートはJIS A 5308に規格が示されており、粗骨材の最大寸法、スランプ、呼び強度の組合せにより次のように区分されている。

表1-6　レディミクストコンクリートの種類（JIS A 5308、高強度コンクリートは省略）

コンクリートの種類	粗骨材の最大寸法(mm)	スランプ[*1](cm)	呼び強度[*2]						
			18	21	24	27	30	33	36
普通コンクリート	20、25	8、10、12、15、18	○	○	○	○	○	○	○
		21	—	○	○	○	○	○	○
	40	5、8、10、12、15	○	○	○	○	○	—	—
軽量コンクリート	15	8、10、12、15、18、21	○	○	○	○	○	○	○

*1 荷卸地点での値　*2 呼び強度40、42、45、50、55、60は省略

レディミクストコンクリートの種類による記号と用いる骨材および製品の呼び方は以下による。

表1-7　コンクリートの種類による記号および用いる骨材（JIS A 5308、高強度コンクリートは省略）

コンクリートの種類	記号	粗骨材	細骨材
普通コンクリート	普通	砕石、各種スラグ粗骨材、再生粗骨材H、砂利	砕砂、各種スラグ細骨材、再生細骨材H、砂
軽量コンクリート	軽量1種	人工軽量粗骨材	砕砂、高炉スラグ細骨材、砂
	軽量2種		人工軽量細骨材、人工軽量細骨材に一部砕砂、高炉スラグ細骨材、砂を混入したもの

*3 主なセメントの種類（記号）
普通ポルトランドセメント（N）
普通ポルトランドセメント低アルカリ形（NL）
早強ポルトランドセメント（H）
早強ポルトランドセメント低アルカリ形（HL）
中庸熱ポルトランドセメント（M）
中庸熱ポルトランドセメント低アルカリ形（ML）
低熱ポルトランドセメント（L）
低熱ポルトランドセメント低アルカリ形（LL）
高炉セメントA種、B種、C種（BA、BB、BC）
シリカセメントA種、B種、C種（SA、SB、SC）
フライアッシュセメントA種、B種、C種（FA、FB、FC）
普通エコセメント（E）

図1-4　製品の呼び方の例（JIS A 5308）

〈コンクリートの材料〉

セメントと骨材

　セメントは主にポルトランドセメントおよび高炉セメントを使用し、保管不良などによる凝固したセメンは使用しない。骨材は扁平細長でなく、強度はコンクリート中の硬化モルタルの強度以上でなければならない。砂利の粒度は 25mm 以下、砕石の粒度は 20mm 以下とする。

　ポルトランドセメントは JIS R 5210 に、高炉セメントなど他のセメントについても該当する JIS に従う。

細骨材と粗骨材

- 細骨材……10mm ふるいを全通し、5mm ふるいを質量で 85% 以上通る骨材の総称
- 粗骨材……5mm ふるいに質量で 85% 以上とどまる骨材の総称。建築工事では主に 20mm、25mm のものが用いられる。

2. 計画における留意事項

- コンクリートの設計基準強度は 18、21、24、27、30、33 および 36N/mm² とし、特記による。コンクリートの耐久設計基準強度は、構造体の計画共用期間に応じて特記による。特記がない場合は次表による。

表 1–8　コンクリートの耐久設計基準強度（JASS 5）

計画共用期間	耐久設計基準強度 (N/mm²)	計画共用期間	耐久設計基準強度 (N/mm²)
短期（約 30 年）	18	長期（約 100 年）	30
標準（約 65 年）	24	超長期（約 200 年）	36

- コンクリートの性質を改良、調整するために混和材料を使用することがある。種類は AE 剤などのコンクリート用化学混和剤（JIS A 6204）、フライアッシュ（JIS A 6201）や高炉スラグ微粉末（JIS A 6206）などがある。
- スランプは一般の場合、普通コンクリートで調合管理強度が 33N/mm² 以上の場合は 21cm 以下、33N/mm² 未満の場合は 18cm 以下とするが、施工条件によっては、これよりさらに小さい値とすることが望ましい。
- スランプを大きくしていくと、コンクリートが材料分離しやすくなるほか、付着強度、水密性の低下、乾燥収縮の増大など、種々の悪影響が生じる。
- かぶり厚さは、構造体および部材の所要の耐久性、耐火性、構造性能が得られるように、部材の種類と位置ごとに要求を考慮して定める必要がある。
- 水セメント比の最大値は、標準で 60 〜 65% とする。
- コンクリートを練混ぜてから打ち終わるまでの時間は、原則として日平均気温が 25℃ 以上となる暑中のときで 1.5 時間、25℃ 未満のときで 2 時間を超えないようにする。
- コンクリートの打ち込み中、水が表面に浮かび出て溜まった場合には、それを除去した後でなければ、その上のコンクリートを打ってはならない。
- コンクリートの露出面は、湿ったむしろ、シート、布、砂などで覆うか、または散水を行い、日平均気温が約 15℃ で普通ポルトランドセメントを用いた場合は少なくとも 5 日間、早強ポルトランドセメントを用いた場合は少なくとも 3 日間、湿潤状態に保つ必要がある。
- レディミクストコンクリートの強度補正値は特記のない場合は次表により、セメントの種類およびコンクリートの打ち込みから材齢 28 日までの予想平均気温の範囲に応じて定める。

表 1–9　気温によるコンクリート強度補正値の標準値（JASS 5）

セメントの種類	コンクリートの打込みから 28 日までの期間の予想平均気温θの範囲 (℃)	
早強ポルトランドセメント	$0 \leq \theta < 5$	$5 \leq \theta$
普通ポルトランドセメント	$0 \leq \theta < 8$	$8 \leq \theta$
強度補正値 (N/mm²)	6	3

3. 施工手順にそった留意事項

コンクリートは、塀や門柱、駐車場、駐輪場、アプローチ、犬走り、倉庫内の床など、多くの部位で施工されるが、それぞれ部位によって仕様も変わってくるので、実際の計画・施工においては注意する必要がある。ここではコンクリート造の施工手順にそった留意事項をまとめておく。

一般的には、以下の①から④の順で施工する。

①地業工事

建造物を安全に支えるため、地盤に施される基礎工事部分の総称。

砕石（砂利）地業とも呼ばれ、使用材料は切り込み砂利またはクラッシャーラン（C40-0）とし、硬質なものを用いる。最近では、公共工事を含めて再生クラッシャーラン(RC40-0)を使用することが多い。

敷均し後、ランマー、タンパー、プレートコンパクターで十分突き固めを行う。地業厚は締固め後の厚さとする。

②型枠工事

用いる材料は木製とし、作業荷重や側圧、打込み時の衝撃や振動に耐え、たわみなどの狂いが生じないように施工する。

堰板の取り外し（脱型）期間は必要に応じて増減することができるが、普通ポルトランドセメント使用時には15℃以上で3日、5℃以上15℃未満で5日とする。早強ポルトランドセメント使用時には15℃以上で2日、5℃以上15℃未満で3日とする。また、コンクリートに衝撃を与えないように堰板を取り外す。

③鉄筋（溶接金網）工事

ここでは塀工事と床工事に分けて説明する。

塀工事

コンクリート塀の鉄筋工事は、コンクリートブロック塀の鉄筋工事と共通。鉄筋の規格は JIS G 3112（鉄筋コンクリート用棒鋼）による SD295A、SD345 の異形棒鋼、または JIS G 3117（鉄筋コンクリート用再生棒鋼）による SDR295 の異形棒鋼を使用し、壁頂や壁の端部・隅角部には D10 以上の鉄筋を配置する。鉄筋交叉部の要所は φ 0.8mm 以上の鉄線で正確に結束する。

鉄筋のかぶり厚さと間隔を正しく確保するために、鉄筋と型枠の間隔はスペーサーなどを使用する。鉄筋の継手は、大きな圧力が生じる所は避け、同一箇所に集中しないようにする。

鉄筋のかぶり厚さと重ね継手の長さ、定着長さは次表による。

表1-10　設計かぶり厚さの標準値（JASS 5 より作成）

部位			設計かぶり厚 (mm)	
			仕上あり	仕上なし
土に接しない部分	床スラブ、非耐力壁	屋内	30	40
	柱、梁、耐力壁	屋外	40	50
	擁壁		50	50
土に接する部分	柱、梁、床スラブ、壁、布基礎立上り部分	屋外	50	
	基礎、擁壁		70	

表1-11　鉄筋の重ね継手長さおよび定着長さ

フックの有無	横筋の重ね継手長さ	縦筋、横筋の定着長さ
有	35d	30d
無	40d[*1]	40d

＊1　控壁端部で縦筋と横筋を継ぐ場合は 25d

床工事

一般の普通車両の駐車場を例とする。

溶接金網を使用することが多く、線径5.5 ～ 6mm・網目寸法150mmの溶接金網を、1目重ねなどで隙間なく連続して敷き並べて結束し、かぶり厚を正しく維持するためにスペーサーブロックなどで確保

する。コンクリートの打込みの際に、移動や変形が生じないように、十分堅固に組み立てる。大型車（重量）が通行する場合、人が歩く程度（軽量）のような場合など、必要に応じて鉄筋量を増減する。

④コンクリート工事

　打設の際には、バイブレーターなどの機器を使用して、鉄筋やその他埋設物の周囲ならびに型枠の隅までコンクリートを行き渡らせるように十分突き固める。

　コンクリートは、作業予定区画までコンクリートが一体になるように連続して打設する。打設後は、直射日光や寒気、風雨などを避けるために、その表面を養生シートなどで覆い、必要に応じて散水その他の方法により、湿潤養生を行う。

　次の事項にも注意する。

- コンクリートの収縮によるひび割れを考慮して、適当な面積や構造体ごとに、目地を設ける（スリット目地・伸縮目地など）。
- 亀裂防止に、端や隅、桝と桝の間、基礎角など、亀裂の生じやすい箇所には、溶接金網または鉄筋などを配し、割れ止めを施す。
- コンクリートの表面は、金ゴテ仕上げ、刷毛引き仕上げなどの直均し仕上げと、後にタイルなどを張って仕上げる場合がある。後で仕上げる場合は、木ゴテなどで表面を荒く平らに均しておく。

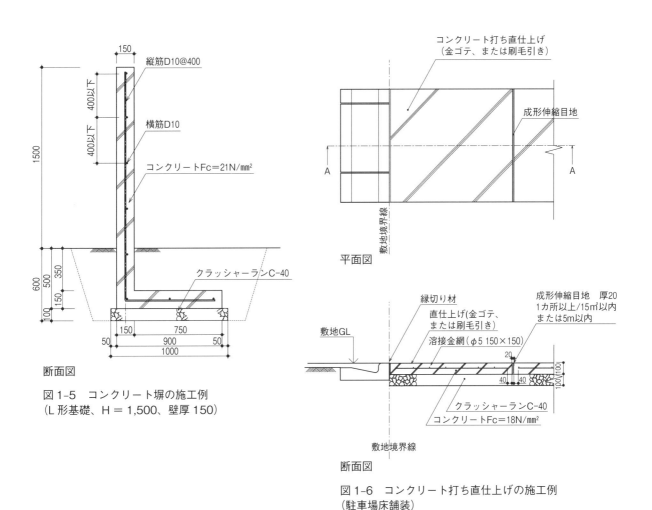

図1-5　コンクリート塀の施工例
（L形基礎、H＝1,500、壁厚150）

図1-6　コンクリート打ち直仕上げの施工例
（駐車場床舗装）

15

煉瓦

煉瓦は、門柱、塀、花壇、簡易な土留めや、煉瓦を表層材とした舗装など、エクステリアの中で幅広く使われている。材料は、国内産の普通煉瓦のほか輸入煉瓦も多く使われている。ここでは、門柱、塀、床に煉瓦を使用する場合に知っておくべき基本的な事項と留意点を示す。

1. 材料に関する基礎知識

煉瓦には、国内産の普通れんが（JIS R 1250）の規格に準じるものと輸入煉瓦があり、輸入煉瓦は各国の標準形状によっている。ここでは普通れんがの品質規格と、主な輸入煉瓦のサイズを取り上げる。なお、JIS R 1250 には、外壁仕上げなどに使用される化粧煉瓦も規定されているが、ここでは対象としない。輸入煉瓦については、生産国の規準や性能を調査して、使用目的に適合した製品を選択する。

表1-12　性能による区分（JIS R 1250）

種類（記号）	区分	性能	
		吸水率（%）	圧縮強度（N/mm²）
普通れんが（N）	2種	15以下	15以上
	3種	13以下	20以上
	4種	10以下	30以上

表1-13　れんがの形状による区分（JIS R 1250）

中実	孔あき（孔の形状、寸法、数については規定なし）

表1-14　寸法による区分

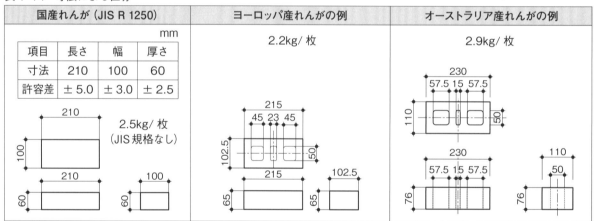

国産れんが（JIS R 1250）	ヨーロッパ産れんがの例	オーストラリア産れんがの例

国産れんが（JIS R 1250）　mm

項目	長さ	幅	厚さ
寸法	210	100	60
許容差	±5.0	±3.0	±2.5

2.5kg/枚
（JIS規格なし）

2.2kg/枚

2.9kg/枚

2. 計画・施工における留意事項

● 煉瓦積み塀は、建築基準法施行令第61条（組積造のへい）に規定されている。

表1-15　建築基準法施行令第61条（組積造のへい）

1. 高さ		H≦1.2m
2. 厚さ		その部分から壁頂までの垂直距離の 1/10 以上
3. 控壁	間隔	L≦4.0m
	突出し	壁面からその部分の壁の厚さの 1.5 倍以上
		*ただし、その部分の壁の厚さが2の厚さの 1.5 倍以上あれば、この限りでない
4. 基礎	根入れ（D）	D≧200mm
	厚み（t）	規定なし
5. 配筋		規定なし

● 煉瓦舗装の路盤構成では以下の点に注意する。

〈煉瓦層〉

煉瓦層は、厚さ40〜60mmを標準とし、歩道用、駐車場などの用途に応じて路盤で調整する。煉瓦

の張りパターンは、歩道に用いる場合は意匠に応じて様々なパターンを採用できるが、駐車場に用いる場合は網代張りを基本とする。

目地幅は 3mm を標準とし、目地には良質の砂を充填し、目地幅が最大でも 5mm を超えないように敷設する。

〈サンドクッション〉

クッション層は、路盤の凸凹を調整し、舗装面の煉瓦の安定性と平坦性を確保するとともに、煉瓦に加わる荷重を均一に分散して路盤に伝達するために設ける。クッション層の厚さは、施工する場所に応じて 20 〜 30mm を標準とする。

〈路盤〉

路盤は、煉瓦層から受けた荷重を分散させ、路床に伝える役割を果たす部分で、車道などに適用する場合は、一般に上層路盤と下層路盤に分ける（舗装構造については「インターロッキングブロック」の表 1-4、表 1-5［p.11］も参照）。　　　　　　　　　[参考文献：日本景観れんが協会『れんがブロック舗装設計施工要領』]

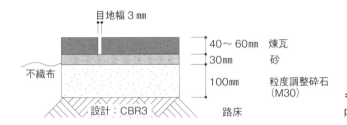

図 1-7　歩道用舗装の標準構成

＊ CBR（California Bearing Ratio）については、p.11 ＊6を参照

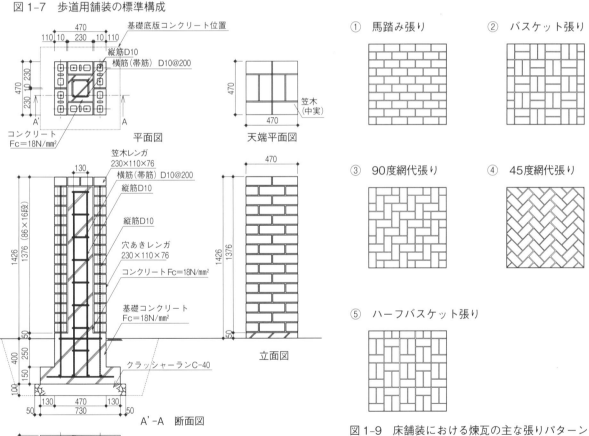

A'-A　断面図

基礎底版部分配筋図

図 1-8　RC 角柱を下地にした煉瓦積み門柱の施工例（独立基礎、470 角、H ＝ 1,426）

① 馬踏み張り

② バスケット張り

③ 90度網代張り

④ 45度網代張り

⑤ ハーフバスケット張り

図 1-9　床舗装における煉瓦の主な張りパターン

左官・塗装

左官工事とはJASS 15（左官工事）によれば「こてによる塗付け工事」および「塗付け工事のために左官工が行う下地づくり」とされている。塗装工事は主にローラーやスプレーガン（吹付け）を使って下地材料の表面を塗料の被膜で覆う表面処理の一つである。ともに、建物の外壁や室内などにも用いられる仕上げ方法であるが、ここでは、エクステリア工事で用いられる左官・塗装工事について基本事項をまとめた。

1. 材料に関する基礎知識

〈仕上げ塗材の種類〉

セメント、合成樹脂などの結合材、顔料、骨材などを主原料とし、建築部の内外壁、天井を吹付け、ローラー塗り、こて塗りなどによって立体的な模様に仕上げる建築用仕上げ塗材の規格は、JIS A 6909に定められている。

こうした既調合材料には、ラス系下地用既調合軽量セメントモルタル（JIS A 6918）、建築用下地調整塗材（JIS A 6916）などもある。

エクステリア工事における外装用の主な仕上げ塗材の種類と呼び名は次表による。

表1-16 エクステリア工事外装用の主な仕上げ塗材の種類および呼び名（JIS A 6909より作成）

種類		呼び名	特徴（参考）			
			層構成	塗り厚（mm）	主たる仕上げの形状	通称（例）
薄付け仕上げ塗材	外装合成樹脂エマルション系薄付け仕上げ塗材	外装薄塗材E	下塗材＋主材、または主材だけ	3程度以下	砂壁状	樹脂リシン、アクリルリシン、陶石リシン
	可とう形外装合成樹脂エマルション系薄付け仕上げ塗材	可とう形外装薄塗材E			砂壁状、ゆず肌状	弾性リシン
厚付け仕上げ塗材	外装合成樹脂エマルション系厚付け仕上げ塗材	外装厚塗材E	下塗材＋主材	4～10程度	スタッコ状	樹脂スタッコ、アクリルスタッコ
複層仕上げ塗材	合成樹脂エマルション系複層仕上げ塗材	複層塗材E	下塗材＋主材＋上塗材	3～5程度	凹凸状、ゆず肌状、月面状、平たん状	アクリルタイル

〈塗料の種類・分類〉

樹脂による分類

塗膜を生成する原料として樹脂は最も重要な成分であり、どの樹脂が入っているかで塗装した後の耐久性が変わってくる。アクリル、シリコン、ウレタン、フッ素はその中でもよく使用されており、その性質を表1-17に示す。この他にも、アクリルより安価な合成樹脂（ペンキ）や、フッ素より高価な無機塗料、光触媒など、多くの種類が存在する。

水性と溶剤形／強溶剤と弱溶剤

塗料は水で薄める水性塗料と、シンナーなどの有機溶剤で薄める溶剤形塗料がある。溶剤形塗料は水性に比べて耐久性があるが、シンナーなどで薄めるため、特有の臭いがある。水性塗料は臭いが少ないが、耐久性が溶剤形塗料に比べて落ちる。

有機溶剤には強溶剤と弱溶剤がある。弱溶剤とは、塗料用シンナー（薄め液）で薄める塗料全般のことを指す。強溶剤とは専用シンナーで薄める塗料のことを指し、性質、臭いともに強い。現在の主流は弱溶剤で、強溶剤は車の塗料や橋に塗られることが多く、厳しい環境ほど強溶剤が選ばれる。

表1-17　樹脂原料別の塗料の性質

樹種	性質
アクリル樹脂	強度が高く、色をくっきり見せる効果がある。また、低価格で重ね塗りができるため、短いサイクルで様々な色に塗り替えることができる。その反面、汚れやすく耐久性に欠けるため、外部の塗装には向いておらず、耐久年数は5～8年といわれている。
ウレタン樹脂	アクリル塗料より防水性、耐久性に優れ、価格、耐久性、機能性などのバランスが良く、シリコン樹脂に次いで人気がある。種類も豊富であり、塗る場所と条件に合う塗料を探しやすい。デメリットとしては、シリコン樹脂に比べて耐久性に欠け、汚れやすい。耐久年数は8～11年といわれている。
シリコン樹脂	アクリルやウレタン塗料と比べて耐久性に優れる。機能性と価格を考えた場合には経済的である。種類も豊富で光沢が長持ちし、色あせがしにくい。また、ものをはじく性質があるため、汚れが付着しづらく、付着した汚れも簡単に落とすことができる。反面、長期的に見ると、重ね塗りをする際に他の塗料と比べて密着性に欠ける。耐久年数は12～15年といわれている。
フッ素樹脂	塗膜の寿命が非常に長く、耐久性は他の塗料に比べて非常に高い。耐熱性・耐寒性に加えて、低摩擦性、不燃性など数多くの機能がある。美観も長期間保つことができる。価格は非常に高額だが、耐久年数を考えた長期的なトータルコストで考えれば経済的である。耐久年数は15～20年といわれている。

1液と2液

　水性塗料、溶剤形塗料ともに1液型と2液型という分類がある。1液型はシンナーや水で薄めてすぐ塗れるため、作業性に優れている。また、養生しておけば翌日でも使用が可能である。対して、2液型は薄める前に主剤と硬化剤を混ぜる必要があるので、作業性は悪くなる。また、硬化剤と混ぜると、その日のうちに使い切らないと固まってしまう。仕上がりにおいては、2液型の方がつやや耐久性など全ての面で優れている。

2. 計画・施工における留意事項
● 下地となるコンクリートおよび空洞ブロックの表面はレインタンスや油などを除去し、壁のひずみなどの著しい箇所は補修をする。また、表面が平滑すぎるものは目荒しを施す。
● コンクリート系壁の下地づくりに用いるモルタル塗り工法と、現場調合普通モルタルの調合は次表による。

表1-18　モルタル塗り工法の適合表（JASS 15）

下地種類		コンクリート・コンクリートブロック		
工法		1回塗り	2回塗り	3回塗り
標準的な塗り厚 (mm)		6～9	12～18	18～25
工程	下地処理	△	△	△
	下地調整	○	○	○
	下塗り	－	○	○
	むら直し*1	－	△	△
	中塗り	－	－	○
	上塗り	○	○	○
仕上げの種類	塗装仕上げ	△	○	○
	建築用仕上げ塗材仕上げ	○	○	○
	陶磁器質タイル張り仕上げ	△	△	×

○：適用対象
△：特記による
×：一般に適用できない
－：適用対象外
*1 むら直しは、塗り厚が大きいときやむらが著しい場合に適用

〈備考〉塗り仕上げ下地としてのモルタル塗りは、表面仕上げの要求精度を考慮し、モルタルの種類、塗り厚および塗り回数を選定すること

表1-19　現場調合普通モルタルの標準調合（容積比、JASS 15）

下地種類	用途	セメント	砂	無機質混和材*2	混和材
コンクリート	下塗り	1	2.5	0.15～0.2	製造者の指定による
	中塗り・上塗り	1	3	0.1～0.3	
メーソンリーユニット（コンクリートブロック）	下塗り・中塗り・上塗り	1	3	－	

*2 無機質混和材は、工事監理者の承認を得て使用することができる

● 吹付け工事の材料は用途および性能などを考慮して選定し、色合いは吹付け見本を提出して確認した後に決定する。
● 下地面の乾燥は次表による。

表1-20　下地面の乾燥

下地	モルタル面	コンクリート面
乾燥	夏期　7日以上	夏期　14日以上
	冬期　14日以上	冬期　21日以上

● 仕上げ工事は気象条件に留意し、次のような場合は工事を行ってはならない
　1）下地の乾燥が不十分の場合　　2）気温が5℃以下の場合　　3）降雪、降雨または強風の場合

アスファルト

アスファルトの外観は暗褐色ないし黒色で、常温では固体、半固体、粘性の高い液体で、熱を加えると容易に溶解する性質を持つ。石油アスファルトは原油の成分中の高沸点留分からつくられるもので、石油の精製を経て原油を石油ガス、ガソリン、灯油、軽油、重油などに分留した結果得られる。アスファルトは、歩道、自転車道、自動車道、そして駐車場などの舗装に広く用いられており、ここでは、一般的事項についてまとめておく。

1. 材料に関する基礎知識

〈アスファルト舗装の構成〉

- アスファルト舗装とは一般に、表層・基層・路盤からなり、路床上に構築される。通常は表層・基層にアスファルト混合物が用いられる。
- 表層はアスファルト舗装において最上部にある層で、交通荷重を分散し、交通の安全性、快適性など、路面の機能を確保する役割をもつ。
- 基層は路盤（上層路盤）の上にあって、路盤の不陸を整正し、表層に加わる荷重を均一に路盤に伝達する役割をもつ。
- 路盤は路床の上に設けられ、表層および基層に均一な支持基盤を与えるとともに、上層から伝えられた交通荷重を分散して路床に伝える役割を果たす。一般に、上層路盤と下層路盤の2層に分ける。

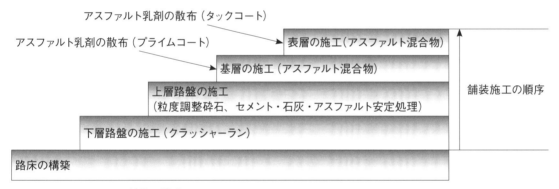

図 1-10　アスファルト舗装の構成

〈使用材料〉

- 表層・基層に使用するアスファルト混合物は、粗骨材、細骨材、フィラーとアスファルトを所定の割合で混合した材料。
- 粗骨材は 2.36mm ふるいに留まる骨材。細骨材は 2.36mm ふるいを通過して 0.075mm ふるいに留まる骨材。フィラーは 0.075mm ふるいを通過する鉱物質粉末で、石灰岩を粉末にした石粉が最も一般に用いられる。
- フィラーはアスファルトの見かけの粘度を高め、骨材として混合物の空隙を充填する働きがある。
- プライムコートは、路盤（瀝青安定処理路盤を除く）を仕上げた後、速やかに所定量の乳剤を均一に散布、養生して仕上げる。プライムコートの目的は次の通り。

  ①路盤表面部に浸透して安定させる　②降雨による路盤の洗掘、表面水の浸透防止

  ③路盤からの水分の毛管上昇を遮断

  ④路盤とその上に施工するアスファルト混合物とのなじみをよくする

- タックコートは、新たに舗設するアスファルト混合物層とその下層の瀝青安定処理層、中間層、基層との接着および継目部や構造物との付着をよくするために行う。施工は、通常ディストリビュータやエンジンスプレーヤを使用する。

〈アスファルト混合物の混合比率〉

- 密粒度アスファルト混合物、細粒度アスファルト混合物、ポーラスアスファルト混合物における粗骨材、細骨材、フィラー、アスファルトの混合比率は以下による。

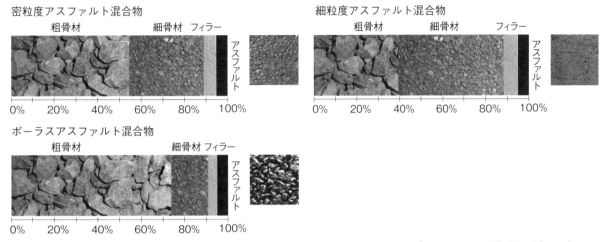

図 1-11　アスファルト混合物の混合比率（一般社団法人日本アスファルト協会 HP「アスファルトの基礎知識」より）

2. 計画・施工における留意事項

- アスファルト混合物の敷均し方法には人力施工と機械施工があり、工事規模、工種などによって選択するが、現在はほとんど機械施工で行われており、アスファルトフィニッシャという専用機械が使用される。
- 敷均し直後のアスファルト混合物は不安定な状態になっているため、一般にロードローラやタイヤローラなどの転圧機械により、所定の密度が得られるまで締固め、平坦に仕上げる。
- 締固め作業は、継目転圧、初期転圧、二次転圧、仕上げ転圧の順で行う。

〈初期転圧〉

　アスファルト混合物の温度が 110 〜 140℃ の時に 10 〜 12t のロードローラで踏み固めて安定させる。一般に、ロードローラの転圧速度は 2 〜 3km/h とし、アスファルトフィニッシャ側に駆動輪を向け、勾配の低い方から等速で転圧する。これは、案内輪よりも駆動輪の方が転圧中に混合物を前方に押す傾向が小さく、その動きを最小にとどめることができるからである。

　また同様に、混合物の側方移動をできるだけ少なくするために、横断勾配が付いている場合は勾配の低い方を先に転圧する。

〈二次転圧〉

　ゴムのタイヤを持った 8 〜 20t のタイヤローラを使用する。タイヤローラによってニーディング（こね返し）作用を与えて、混合物の粗骨材の配列を安定化し、その間隙に細かなアスファルトモルタル分を充填させ、緻密な表面を形成するとともに、層を均一に締固めることができる。また、二次転圧に 6 〜 10t の振動ローラを用いる場合もある。一般に、タイヤローラの転圧速度は 6 〜 10km/h、振動ローラは 3 〜 6km/h とし、アスファルトフィニッシャ側に駆動輪を向け、勾配の低い方から等速で転圧する。一般に、二次転圧終了時のアスファルト混合物の温度は 70 〜 90℃。

〈仕上げ転圧〉

　不陸の修正やローラマークを消すために行うものであり、タイヤローラまたはロードローラを用いる。

（引用・参考文献：一般社団法人日本アスファルト協会「アスファルトの基礎知識」）

タイル

　内外装材としての歴史も古いタイルは現在でも広く使用され、エクステリアにおいても、門柱、塀、床などの仕上げ材として多くの部分で使われている。ここでは、外部塀などの壁および園路、駐車スペース床などの個人住宅のエクステリア工事を対象にまとめた。

1. 材料に関する基礎知識

　タイルの製品規格は JIS A 5209（セラミックタイル）に定められている。JIS 規格を踏まえた主な種類は以下のようになる。

〈成形方法と吸水率〉

　タイルおよびユニットタイルの成形方法、吸水率による分類は次表のようになる。

表 1-21　成形方法および吸水率による種類（JIS A 5209）

成形方法	吸水率		
	Ⅰ類（3.0%以下）	Ⅱ類（10.0%以下）	Ⅲ類（50.0%以下）
押出し成形（A）*1	AⅠ	AⅡ	AⅢ
プレス成形（B）*2	BⅠ	BⅡ	BⅢ

＊1　素地原料を押出し成形機によって板状に押出し、所定の形状・寸法に切断して成形する方法
＊2　微粉砕された素地原料を、高圧プレス成形機で所定の形状・寸法に成形する方法

〈用途による形状区分とタイルの張りパターン〉

　タイルの形状は製造業者により、平物や役物、定形タイルや不定形タイルなど様々なものがある。屋外壁タイルの主要な形状を表 1-22、表 1-23 に示す。屋外床タイルは 100mm 角程度から、600mm 角を超える大形のものまである。また、階段部分に使用される「階段タイル」「たれ付き階段タイル」などの役物がある。

　タイルの目地割りの種類として、壁と床のタイルのパターンを図 1-12、図 1-13 に示す。

表 1-22　屋外壁タイルの標準形状

呼称	小口平	二丁掛	三丁掛	四丁掛	ボーダー（基本形）
実寸法(mm)	108×60	227×60	227×90	227×120	227×30

表 1-23　屋外壁モザイクタイルの標準形状
50 角や 50 角二丁が代表的。施工効率を高めるため表張りなどのユニットで使用

標準形状	50mm 角	50mm 二丁	50mm 三丁
実寸法（mm）	45×45	95×45	145×45
目地共寸法（mm）	50×50	100×50	150×50
ユニット目地共寸法(mm)	300×300		

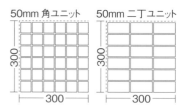

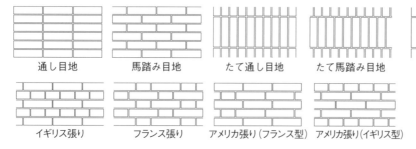

| 通し目地 | 馬踏み目地 | たて通し目地 | たて馬踏み目地 | たて張り千鳥目地 | やはず張り |
| イギリス張り | フランス張り | アメリカ張り（フランス型） | アメリカ張り（イギリス型） |

図 1-12　屋外壁タイルのパターン（全国タイル業協会『タイル手帖』より）

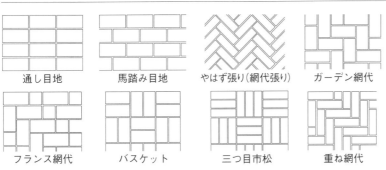

| 通し目地 | 馬踏み目地 | やはず張り（網代張り） | ガーデン網代 |

| フランス網代 | バスケット | 三つ目市松 | 重ね網代 |

図1-13　屋外床タイルのパターン（全国タイル業協会『タイル手帖』より）

2. 計画・施工における留意事項

一般的なタイル手張り工法における特徴と留意点は次表のようになる。

表1-24　タイルの張り方と特徴・留意点（JASS 19、全国タイル業協会『タイル手帖』より作成）

張り方	工法の概要	特徴	留意点
外装有機系接着剤張り	外装用の有機系接着剤を下地面に塗り、これにタイルをもみ込み、たたき押さえして張る	●躯体、下地の動きを吸収し、剥離・クラックの発生を抑制する ●空目地、深目地、細目地など意匠性が広がる ●白華、粉吹きを軽減	●下地は乾燥していることが必要 ●タイルの大きさは300角以下 ●裏あし高さは低い方が望ましい
改良圧着張り	あらかじめ施工したモルタル下地面に張付けモルタルを塗り、モルタルが軟らかいうちにタイル裏面にも同じモルタルを塗って壁または床タイルを張り付ける	●接着の信頼性は高い ●塗り置き時間の影響を受けにくい	●モルタル下地の剥離対策を検討 ●技能者に多少の経験が必要 ●コストは割高
改良積上げ張り	張付けモルタルをタイル裏面に所定の厚さに塗り、あらかじめ施工し、硬化したモルタル下地面に壁タイルを張り付ける	●ばらつきのない高い接着力が得られ、仕上がりもよい ●タイル裏面に空隙がなく白華の発生が少ない ●大形外装タイルに適し、剥離しにくい	●熟練が必要で施工能率が低い ●モルタル下地に精度が要求される ●下地に浮きのないこと ●下地との密着性とモルタルの充填に注意
密着張り	張付けモルタルを下地面に塗り、モルタルが軟らかいうちにタイル張り用振動工具（ヴィブラート）を用いてタイルに振動を与え、埋め込むように壁タイルを張り付ける	●振動工具を用いる施工法 ●直張りが可能 ●作業効率がよく、小口平タイル以上の主流施工法 ●モルタルの充填性が高く、接着性が高まる	●モルタルの塗り厚不足は剥離の原因になる ●目地深さはタイル厚の1/2以下とする ●工具で振動を十分に与えないと浮きの原因になる ●裏足が見える状態は不可 ●目地は後目地つめを原則とする
圧着張り	張付けモルタルを下地面に塗り、モルタルが軟らかいうちにタイルをたたき押さえをして壁または床に張り付ける	●作業効率がよい ●専用工具を必要としない ●広い床面への施工性がよい ●床面へのタイル張り工法として最も一般的	●モルタルの塗り置き時間の管理が重要 ●下地精度や吸水具合により接着力がばらつく ●塗り置き時間の管理やたたき押さえが十分でないと剥離の原因となる 〈床施工〉 ●裏あしへのモルタル充填を確認 ●つけ代（張付けモルタルの厚さ）を確保する
モザイクタイル張り	張付けモルタルを下地面に塗り、直ちに表張りのユニット化されたモザイクタイルをたたき押さえをして壁または床に張り付ける	●ユニット化したタイルを張るため作業効率がよい ●コスト面に優れている ●直張りが可能 ●50角、50二丁などモザイクタイルの主流施工法	●下地の精度が仕上がり精度に直結する ●塗り置き時間の管理に十分な注意が必要 ●たたき板による仕上がりの精度に要注意 ●ユニット張りのため、目地幅調整を必要とする割り付けは原則行わない
マスク張り	ユニット化された50mm角以上のタイル裏面にモルタル塗布用のマスクを乗せて張付けモルタルを塗り付け、マスクを外してから下地面にタイルをたたき押さえをして張り付ける	●精度のよいモルタル下地が必要 ●張付けモルタルの塗り置き時間の管理がしやすい ●しごき塗りをしないので下地とのなじみが弱い	●安易な張り直しはしない ●たたき込みの不足に十分注意。タイルの四隅にモルタルが回るように ●張付けたタイルの目地幅調整は剥離原因となりやすいので行わない ●下地の精度が仕上がり精度に直結する ●直張りは原則行わない

石材

　エクステリアで使用する石材の主な用途は、床材や壁材として張ることや、アプローチなどの通路に敷くことである。その材料選択では栃木県宇都宮市で産出される大谷石のように、産出地域との関係も深い。また一方で、近年は輸入石材も多く使用されている。材料に関する規格には JIS A 5003（石材）があるが、規格対象外のものや、輸入品に関してはその性能を調べ、使用目的に適合した材料を選択することが必要である。

1. 材料に関する基礎知識

　石材についての分類・種類は JIS A 5003 では次のように定めている。

表 1-25　石材の分類、種類、形状（JIS A 5003 より作成）

石材の分類	種類	規定・区分		
岩石の種類	花崗岩類、安山岩類、砂岩類、粘板岩類、凝灰岩類、大理石類（表 1-26 参照）およびじゃ紋岩類			
形状	角石	幅が厚さの 3 倍未満で、ある長さをもっていること		
	板石	厚さが 150mm 未満で、かつ幅が厚さの 3 倍以上であること（荒加工の程度によって、のみ切板、並たたき板、上たたき板、ひき石の 4 つに区分）		
	間知石	面が原則としてほぼ方形に近いもので、控えは四方落としとし、面に直角に測った控えの長さは、面の最小辺の 1.5 倍以上であること		
	割石	面が原則としてほぼ方形に近いもので、控えは二方落としとし、面に直角に測った控えの長さは、面の最小辺の 1.2 倍以上であること		
物理的		圧縮強さ [N/cm² (kgf/cm²)]	吸水率 [%]（参考値）	見掛比重 [g/cm³]（参考値）
	硬石	4,903（500）以上	5 未満	約 2.7～2.5
	準硬石	4,903（500）未満 981（100）以上	5 以上 15 未満	約 2.5～2
	軟石	981（100）未満	15 以上	約 2 未満

表 1-26　岩石の種類と性質（全国建築石材工業会「石の性質」などより作成）

種類	性質
花崗岩類	地下のマグマが地殻内で地下深部にて冷却固結した結晶質の石材で、硬く、美しく、耐久性に富む石材として建築物の外部を中心として最も多く用いられている。一方、硬いため加工費がかさみ、含有鉄分でさび色が出たり、耐火性の点でやや劣る。なお、御影石は、兵庫県神戸市の御影町にて産出された花崗岩を御影石と称するが、建築石材では花崗岩全般を御影石と呼んでいる。一辺 80～100mm の立方体に近い形に加工された花崗岩を小舗石（ピンコロ）と呼ぶ。茨城県産稲田石、山梨県産塩山石など。
安山岩類	安山岩は噴出した火山岩で、地表近くに塊状・柱状あるいは板状で露出している。組成鉱物は、斜長石・角閃石などで硬く、色調は灰褐色のものが多く、光沢がない。組成によりいくつかの種類があり、花崗岩に似た色と斑紋をもつ美しいものがある。長野県産鉄平石、福島県産白河石、兵庫県産丹波石など。
砂岩類	砂岩は種々の岩石が、粗粒となり水中に堆積し、膠結したもので、安山岩と凝灰岩の中間の強度を持ち、耐火性が高く酸にも強い。吸水率の高いものは、外装に採用すると凍害を受けることがある。また、汚れや苔が付きやすく、十分なメンテナンスが必要である。炭酸石灰のものは灰色で加工は容易だが風化しやすい。
粘板岩類	粘板岩は通称「スレート」と呼ばれ、古生層や中生層で凝固した水成岩で、均一で非結晶質の板状組織をもち、粘土に炭素物質や酸化鉄分が混在した組成・状態になっている。色調は一般に黒か赤褐色だが、中には緑色のものもある。容易に板状に加工でき、曲げ強度が強いため、多くは屋根材に用いられる。
凝灰岩類	凝灰岩は噴出した火山岩・砂・岩塊片などの火山噴出物が水中あるいは陸上に堆積して凝固したもので、層状または塊状で存在する。色調は、淡灰や灰緑色などであるが、混在する物質により斑紋があるものがある。また、光沢がなく、時間がたつと変色する。石質が軟らかく、強度が低いため加工しやすい反面、風化しやすいが、熱には強い。
大理石類	大理石の呼称は、結晶質石灰岩を指し、特に中国雲南省大理府で産出する石材につけられたものであるが、蛇紋岩などを含む装飾性に富む石材の総称として用いられている。石灰質の混入鉱物により白・ベージュ・灰・緑・紅・黒などの色がある。また無地のほか、縞・筋・更紗・蛇紋などの模様が入り、緻密に磨くと光沢がでる。花崗岩に比べて軟らかく短時間で加工できるという長所があるが、屋外で酸性を帯びた雨にさらされると、半年から 1 年で表面のつやを失ってしまうので、屋外での使用には注意が必要。

2. 仕上げの種類

自然石の表面仕上げは次の表による（『公共建築工事標準仕様書［建築工事編］』平成31年度版より）。

表1-27　石材の粗面仕上げの種類

仕上げの種類		仕上げの程度	仕上げの方法	加工前の石厚の目安	石材の種類
のみ切り	大のみ	100mm角の中にのみ跡が5個	手加工	60mm以上	花崗岩
	中のみ	100mm角の中にのみ跡が25個			
	小のみ	100mm角の中にのみ跡が40個		50mm以上	
びしゃん	荒びしゃん	16目びしゃん（30mm角に対し）で仕上げた状態	手加工または機械加工	手加工35mm～40mm 機械加工35mm以上	花崗岩
	細びしゃん	25目びしゃん（30mm角に対し）で仕上げた状態			
小たたき		1～4枚刃でたたき仕上げた状態		35mm以上	花崗岩
ジェットバーナー		表面の鉱物のはじけ具合が大きなむらのない状態	手加工または機械加工 バフ仕上げの有無は特記による	28mm以上	花崗岩
ブラスト		砂粒または金属粒子を吹き付けて表面を荒らした状態	機械加工	27mm以上	花崗岩、大理石、砂岩
ウォータージェット		超高圧水で表面を切削した状態	機械加工	27mm以上	花崗岩
割肌		矢またはシャーリングで割った割裂面の凹凸のある状態	手加工または機械加工	120mm以上	花崗岩、砂岩

表1-28　石材の磨き仕上げの種類

仕上げの種類	仕上げの程度	石材の種類
粗磨き	#20～#30の炭化ケイ素砥石または同程度の仕上げとなるダイヤモンド砥石で磨いた状態	花崗岩
	#100～#120の炭化ケイ素砥石または同程度の仕上げとなるダイヤモンド砥石で磨いた状態	花崗岩、砂石
	#100～#320の炭化ケイ素砥石または同程度の仕上げとなるダイヤモンド砥石で磨いた状態	テラゾ[*1]
水磨き	#400～#800の炭化ケイ素砥石または同程度の仕上げとなるダイヤモンド砥石で磨いた状態	花崗岩、大理石、砂石、テラゾ[*1]
本磨き	#1500～#3000の炭化ケイ素砥石または同程度の仕上げとなるダイヤモンド砥石で磨き、さらに、つや出し粉を用い、バフで仕上げた状態	花崗岩
	#1000～#1500の炭化ケイ素砥石または同程度の仕上げとなるダイヤモンド砥石で磨き、さらに、つや出し粉を用い、バフで仕上げた状態	大理石
	#800～#1500の炭化ケイ素砥石または同程度の仕上げとなるダイヤモンド砥石で磨き、さらに、つや出し粉を用い、バフで仕上げた状態	テラゾ[*1]

＊1　テラゾは大理石、花崗岩などの砕石粒、顔料、セメントなどを練り混ぜたコンクリートが硬化した後、表面を研磨、つや出しして仕上げたブロックおよびタイル。製造方法によって積層および単層がある（JIS A 5411）。

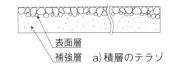

表面層
補強層　a) 積層のテラゾ

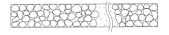

b) 単層のテラゾ

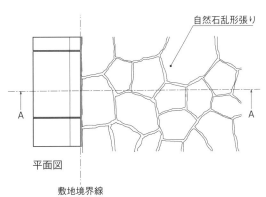

自然石乱形張り

平面図

敷地境界線

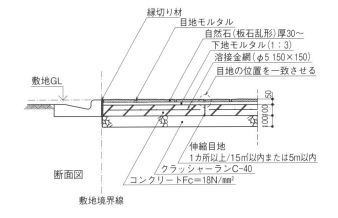

縁切り材
目地モルタル
自然石（板石乱形）厚30～
下地モルタル（1：3）
溶接金網（φ5 150×150）
目地の位置を一致させる

敷地GL

伸縮目地
1カ所以上/15m²以内または5m以内
クラッシャーランC-40
コンクリートFc＝18N/mm²

断面図

敷地境界線

図1-14　自然石乱形張りの施工例（駐車場床舗装）

25

金物・樹脂

　エクステリアには多くの金物が使用されている。主な材料は、アルミニウム合金、ステンレス鋼材、スチールなどであり、材料を加工する場合もあるが、各メーカーの既製品を使用することが多い。したがって、使用目的に応じた性能を各メーカーのカタログなどから確認し、施工説明書に従って使用する。ここでは、樹脂材も含めて、一般的な留意事項をまとめておく。

1. 材料に関する基礎知識

〈金属系製品の分類〉

　エクステリアでの使用場所に応じた製品名で分類すると以下のようになる。

①門まわり………門扉、ポスト、機能門柱、表札、照明

②敷地外周………フェンス、スクリーン

③車庫まわり……カーポート、シャッター、吊戸、伸縮門扉、跳ね上げ門扉、引戸、車止め、サイクルポート

④庭まわり………ガーデンルーム、デッキ（ウッド・樹脂・タイル）、物置

⑤その他…………テラス、サンルーム、オーニング

〈金属製材料〉

　金物の中で、金属製格子フェンスおよび門扉の種類はJIS A 6513で次表のように規定されている。

表1-29　格子フェンス・門扉の種類（JIS A 6513）

種類			記号	説明
格子フェンス[*1]		自由柱式	FF	フェンス同士が連結して設置され、背面を柱で支えられるもの
		間仕切柱式	FC	フェンス本体が柱で区切られて設置されるもの
		ブロックフェンス式	FB	コンクリートブロック積みなどの間に設置されるもの
門扉	開き戸	片開き式	WS	門柱などに丁番を用いてつり込み、回転によって開閉するもの
		両開き式	WD	
	引戸	単式	LS	門柱などの間を平行移動によって開閉するもの。ただし、複式は扉2枚以上のものとする
		複式	LD	

＊1　柱、脚およびアンカーを除いたフェンス1枚の例

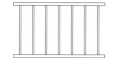

a)自由柱式および間仕切柱式

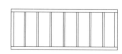

b)ブロックフェンス式

〈主な素材の特徴と防汚、防錆対策〉

アルミ製品

　錆びにも強く、維持費のかからない素材であり、各メーカーから発売されている既製品のバリエーションも豊富である。また、アルミ鋳物は、複雑な形や模様を生み出すことができるので、装飾性の高いデザインも多い。メンテナンスにおいては、表面に付着した汚れを長期間放置しておくと腐食の原因になるので、年に数回の水洗いを行う。

ステンレス製品

　耐食性に優れているが、使用条件や環境によっては汚れや錆びが発生する。特に海岸地帯や工業地帯などといった厳しい環境では注意が必要となる。錆びが発生した場合でも、初期段階であれば比較的簡

単に除去することができるので、水洗いや中性洗剤で洗浄後、水洗いをして柔らかい布でからぶきする。

樹脂製品

　ポリスチレンなどの樹脂系素材、木粉や再生木などを添加した樹脂製品は、スチールなどの金属のように錆びる心配がなく、管理の手間が少ない素材といえる。ただし、表面に付着した汚れを長期間そのままにしておくと、変色や腐食などの原因になるので、定期的な手入れは必要である。

スチール製品

　アルミなどに比べて強度に優れ、加工性にも富む。ただし、錆びやすいので、既製品には防錆下地処理をして塗装されていることが多い。錆びが出てきた場合は、中性洗剤を付けたブラシなどで軽くこすって取り除き、水洗いをした後にからぶきする。

2. 計画・施工における留意事項

〈法規に関すること〉

- 床面積が 10m^2 を超える場合……建築基準法により、建築確認申請が必要。例えば、サイクルポートや物置などでも 10m^2 を超えれば確認申請が必要となる。
- 防火地域や準防火地域、22 条指定区域の場合……10m^2 以下でも建築確認申請が必要。ただし、使用材料などについては事前に行政と確認することが重要である。

〈台風や暴風時の備え〉

- 門扉……開き門扉や引戸門扉は破損防止のため錠や落とし棒をかけた状態にしてロープなどで錠付近を固定しておく。伸縮門扉はたたんだ状態にしてロープなどで固定する。跳ね上げ門扉は、扉本体を下ろした状態にしてストッパーやフックを掛けておく。
- カーポート……補助柱（サポート柱）がある場合は、破損防止のために必ずセットしておく。

〈音鳴り現象〉

- 屋根葺き材……直射日光を受けることで膨張し、樹脂とアルミ形材の接触面がこすれることで異音が発生することがある。また気温が冷えて収縮した場合も同様に音が発生することがある。この現象は、気温や立地条件、使用材料などによる自然現象であり、性能上問題はない。
- フェンス……縦格子デザインのアルミフェンスやバルコニーなどに付いている格子は、風速・風向きによって格子が振動して共鳴を起こすことで音鳴りが発生することがある。不具合ではない。

〈停電時への備え〉

- エクステリアの電動商品は停電時でも「手動」に切り替えれば開閉操作が行える。電気錠門柱は、付属のスペアキーで開閉を操作することができるので、こうした停電時の操作方法も引渡し時に説明しておく。

〈排気ガスによる腐食〉

- ガス給湯器などからの排気ガスが原因で、アルミ製品の塗膜が剥がれることがある。排気ガスの成分には微量ながら硫黄が含まれている場合があり、この硫黄分が空気中や排気ガスの水分と化学反応を起こして、亜硫酸、硫酸のような腐食性の酸をつくることがある。この酸が塗膜表面に付着しつづけると塗膜自体を劣化させ、塗膜の下に浸入してアルミと化学反応を起こすことによって塗膜剥がれの原因となることがある。したがって、排気ガスが直接当たらないようにするとともに、排気ガスが滞留するような場所もできるだけ避けて設置することが望ましい。

〈施工〉

- テラスの柱は、土間コンクリート上にアンカー止めで固定できない。地中コンクリート基礎に埋め込む。
- アルミ製品と銅板やラス金属などの異種金属が接触しないようにする。やむを得ず接触する場合は、ビニールテープや塗装などで絶縁処理する。

（参考文献：日本エクステリア工業会「エクステリア製品の豆知識」）

木材
ウッドデッキ材

　エクステリアのウッドデッキ材などには天然木材が多く使用されている。ここでは各材料の長所と短所、性能比較についてまとめた。なお、天然の材料であるため長所・短所については個体差が生じる。さらに、多少の反り・ねじれや色目の違いがあり、経年により小口のひび割れや色褪せなども発生する。

1. 材料に関する基礎知識
〈主なウッドデッキ材の特徴〉
　主なウッドデッキ材の長所と短所を表1-30にまとめておく。このうち、ウリン、イペ、マサランドゥーバ、イタウバ、セランガンバツは「ハードウッド」と呼ばれ、いずれもとても硬くて重い広葉樹である。水辺のウッドデッキなどにも用いられ、無塗装でも長い耐用年数をほこる。一方、オーストラリアサイプレス（豪州ヒノキ）とレッドシダーは「ソフトウッド」と呼ばれ、加工しやすい針葉樹。木の風合いや香りなどにも特徴がある。表1-31に性能比較を示す。

2. 計画・施工における留意事項
〈天然木材の注意点〉
● 天然木材は森林資源を有効に利用するため[1]、強度に影響のない部分の全てを利用している。このため虫穴などがみられる場合がある。
● ウッドデッキ材は天然素材特有の反り曲がり、表面のひび割れ、変色などの経年変化が現れる。
● 天然木材は屋外で雨にさらされると、木材が持っているタンニンなどの色素が流れ出て床面、壁面などを茶色くすることがある。
● ウッドデッキ材を扱う際はささくれに注意をして、手袋などを使用して作業をする。
● 設置されたウッドデッキを歩行する際はささくれに注意し、素足で歩行しないようにする。
● ささくれが発生した部位はサンドペーパーなどで研磨して平滑にする。大きなささくれの場合はカッターなどでそぎ落として処理する。
〈メンテナンス方法〉
● 塗装……ウッドデッキ材は屋外使用が前提であり、どの樹種も耐久性があるが、屋外用塗料を塗装することで年月の経過による木の劣化を抑えることができる。また、ウッドデッキの美観向上にもなる。
● 清掃……デッキ材表面に付着した汚れは、水を流しながらデッキブラシなどで清掃する。高圧洗浄機などを利用する際は、高水圧で表面が凸凹になることがあるので、水圧に注意する。表面をサンダーなどで研磨すれば、設置当初の色合いに近づけることも可能である。

*1　合法木材について……豊かな森林林資源を次世代にわたって有効に活用できるよう、生産地域あるいは生産国は原木の伐採を制限し、許認可を得た原木の伐採のみを許可している。原木伐採、運搬、製材、輸出の各段階で途切れることのないつながりを確立された製品に対して、関係各団体が発行する証明を付された製品を合法木材と称している。日本では、2016年5月にクリーンウッド法（合法伐採木材等の流通及び利用の促進に関する法律）が施行された。違法伐採と違法木材の流通は世界的な問題であるが、規制を強化するのではなく、合法に伐採された木材の利用を促進することによって、間接的に違法伐採の問題に対処しようとするものである。

表1-30　主なデッキ材の長所と短所

デッキ材	長所	短所
ウリン	●木の密度が高く非常に硬いため、頑強で耐用年数も長い（30年程度）。 ●耐候性・耐水性が高く、桟橋など風雨にさらされたり、浸水状態で使用される例もある。 ●シロアリやキクイムシなどに侵食されず、虫害に強い。 ●おとなしい性質の材で、反り、曲がりは比較的少ない。	●ポリフェノールを大量に含んでいるため、水に濡れると茶色の樹液が発生する（アルカリ性洗剤などで洗い流せる）。 ●非常に硬い材料のため、加工の際には専用工具の使用や、下穴を開けるなどの工夫が必要（ハードウッド全般）。 ●原木が小ぶりなものが多いため、大きいサイズの板が取れにくい。
イペ	●木の密度が高く非常に硬いため、頑強で耐用年数も長い（30年程度）。また耐候性、耐水性も高い。 ●防虫・防腐効果を持つ成分を含有しているため、虫害・腐食に強い。 ●原木が大きく、大きい板サイズでも対応可能。	●左記成分により、人によっては削りかすを吸い込むなどしてアレルギー症状を起こす可能性がある。 ●重硬であるため加工が容易ではない。また他のハードウッドと比べると、ささくれが多少出る。 ●ウッドデッキの材料全般で考えると、比較的単価が高い。
マサランドゥーバ	●木の密度が高く非常に硬いため、頑強で耐用年数も長い。また耐候性、耐水性、虫害にも強い。 ●ウリン材に似た性質を持つが、水に濡れても目立った色の樹液が出ない（白色〜薄いピンク）。 ●生産地の関係上、ウリン材などに比べて安定供給が可能。	●重硬であるため加工が容易ではない。また他のハードウッドと比べると、経年変化で細かい割れが生じやすい。 ●施工当初は雨染みが目立つことがある。 ●ハードウッド全般として銀灰色に経年変化していくが、特に進みやすい傾向がある。
イタウバ	●脂分を含み、表面のひび割れが少ない。 ●現地では木造船にも使われるほど耐水性に優れている。 ●硬木であるが、加工は比較的容易。 ●比較的リーズナブルなハードウッドとして、日本での需要が増えている。	●ステインが表面に現れ、美観を妨げる。 ●板目と柾目の収縮差が大きく、曲がりなどの変形が起こりやすい。
セランガンバツ	●供給・流通量ともに豊富で、比較的価格も安定している。 ●厚み30mm程度までなら人工乾燥が可能。 ●戸建から大型物件まで、使用実績が豊富。	●細かいささくれがたちやすい。 ●小さなピンホール（虫食い）が他の材より比較的多い。
オーストラリアサイプレス	●住宅の構造材に使用されるほど極めて防蟻性が強く、またヒノキ材特有の香りがある。 ●ハードウッドほど重硬でなく、加工性が良い。 ●材料単価が比較的手頃で、施工価格を抑えることができる。	●経年変化による割れやひび、ささくれが出やすい。 ●材料として表面に節が混ざることが多い。 ●ウリン材やイペ材などと比べると耐用年数が長くない。
レッドシダー	●天然の殺菌効果を持つ成分を含有しているため、虫害・腐食に比較的強い。また、ささくれが出ない。 ●元々の色が白っぽいため、塗料や保護材を塗布していくことで好みの色を出しやすい。	●一般的に10年〜15年でつくり変える必要があるため、ハードウッドほど耐用年数が長くない。 ●短いサイクルで保護材塗布を繰り返す必要があるなど、虫害・腐食対策にも頻繁なメンテナンスが必要。 ●ハードウッドと比べると、柔らかいためキズが付きやすい。

表1-31　各デッキ材の性能比較表

性能項目	ウリン	イペ	マサランドゥーバ	セランガンバツ	イタウバ	クマル	ガラッパ	オーストラリアサイプレス	レッドシダー	備考
硬さ	◎	◎	◎	○	◎	○	○	△	△〜×	◎ 〜 × 固い〜柔らかい
色むら・色落ち	○〜△	○〜△	○〜△	○〜△	△	△〜×	○〜△	○	△	◎ 〜 × 出にくい〜出やすい
加工・施工性	△	△	△	○	○	○	○	◎	◎	◎ 〜 × しやすい〜しにくい
重さ	◎	◎	◎	○	△	◎	○	△	△	◎ 〜 × 重い〜軽い
曲がり・変形	○	◎	○	○	△	△	○	△〜×	○	◎ 〜 × 出にくい〜出やすい

29

植栽

植物は日光と温度、土壌によって植物体を維持している。したがって、植物にとって土壌は生命線であり、植物が健康に成長するには土壌から水分や栄養分を吸収することが不可欠となる。そこで、植物を健康に成長させる大切な要素として、土壌についての基礎的な知識と、樹木の枯損を防ぐ方法について紹介する。

1. 土壌に関する基礎知識

〈土壌の構成〉

土譲を構成しているのは土粒子だけではない。土粒子間には間隙があり、その間隙は空気や水で構成されている。したがって、土壌は土粒子（固相）と水（液相）と空気（気相）の三相で構成されており、その分布状況により、土壌の性質が異なる。

植物にとって三相分布の好ましい状態を見ると、気相と液相である空気と水が合わせて過半を占め、固相である土は全体の40%程度の比率であるといわれている（図1-15）。

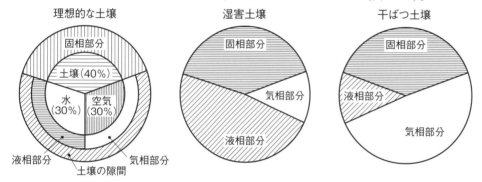

図1-15　三相分布の土壌

〈土壌硬度〉

土壌物理性の不良による問題で最も多くみられるのが、土壌が硬すぎて根系が発達できないための乾燥害であったり、根系範囲が規制されて大きく成長できない例である。土壌硬度は、植物根の伸張の難易や透水性、通気性の程度に影響するといわれている。

土壌断面調査で硬さを測るときには一般に山中式硬度計（図1-16）を使い、土壌断面を垂直に削った後、硬度計を水平に持ち、円錐部を土壌断面に確実に押しつけて測定する。

植栽地の土壌の硬さについては、一般に長谷川式土壌貫入計（図1-17）を用いて測定する。測定数値1.0〜1.5cm/dropは「やや不良・根系発達阻害樹種あり」、測定値1.5〜4.0cm/dropは「良・根系発達に阻害なし」、測定値4.0cm/drop以上は「やや不良・膨軟すぎ」とされる。

土の硬さと樹木の根の伸びに関しては次表が参考となる。

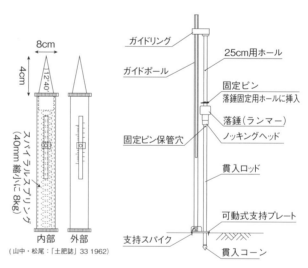

（山中・松尾：「土肥誌」33 1962）

図1-16　山中式硬度計　　図1-17　長谷川式土壌貫入計

表1-32　土の硬さと根の伸び（ち密度は、山中式硬度計による測定値）

硬度（ち密度）	根張りと乾湿	親指による判定
10mm 以下	干ばつの危険	親指が自由に入る
10〜15mm	適当	親指に力を加えれば元まで入る
15〜22mm	やや硬いが根は伸びる	力を入れると、半分ぐらい入る
22〜25mm	根は少し入るが伸びが悪い	入らない
25mm 以上	根が入りにくい	

〈排水と保水性〉

　土壌の保水性は、土壌粒子への水の吸引力とその水分量との関係であり、それはまた、孔隙の大きさとその容量との関係でもあり、pF-水分曲線（図1-18）として表される。保水性は土壌水の移動、土壌の物理性、工学性および植物への水の有効性などの面からみて重要である。植物が利用できる水は、降雨や灌水の24時間後（重力水が下層に抜ける）の水分状態から、植物がしおれ始める、初期しおれ点（灌水すればしおれが回復する）までである。

　pFとは、土壌の水分が毛管力によって引き付けられている強さの程度を表す数値で、土壌の湿り具合を表す値でもある。十分に水分を含んでいる土壌では、pF値は低く、土壌が乾燥していると pF値は高くなる。

　透水性は透水係数で判断する。透水性は排水性と同じ意味で、通気性の良し悪しも透水性に関連が深く、粗孔隙率の測定によっても判断できる。

　土壌中の孔隙の中で、大きな孔隙は水を保持することができずに水が下層に浸透し、空気が入り込む。透水性が不良の場合は湿害を受けやすく、透水性が良すぎる場合は干ばつの被害を受けやすくなる。

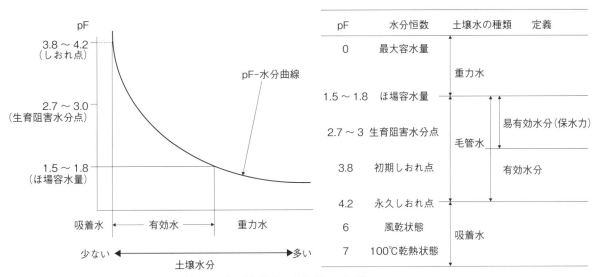

図1-18　土壌水分とpF[*1]との関係（農林水産省資料より作成）

＊1 pFとは土壌の水の状態を調べ、水がどのくらいの強さで土壌に吸着されているかを圧力で表す方法。大きい数値ほど土壌に吸着されている力が強く、根は利用し難くなる。一般に作物の根は pF＝1.8〜4.2 の範囲にある毛管水を利用している。

〈土壌の粒径〉

　土壌を構成する土の大小の粒子の分布状態や、土粒子の大きさのことを粒度と呼ぶ。また、土粒子の大きさの数値を指す。土粒子には、粗なもの（粗粒分）と微細なもの（細粒分）があり、大小粒子の混合の割合を「土の粒度」という。土の種類は、粒径別の名称によって区分され、国際法による土壌の粒径区分により、粒径 0.002mm 以下の粒子を「粘土」、粒径 0.02〜0.002mm の粒子を「シルト」、粒径 2〜0.02mm の粒子を「砂」、粒径 2mm 以上の粒子を「礫」と呼んでいる。

表1-33　国際法による土壌の粒径区分

粒径区分	粒径 (mm)	区分の根拠
礫	2mm 以上	水をほとんど保持しない
粗砂	2 〜 0.2mm	毛管孔隙に水が保持される
細砂	0.2 〜 0.02mm	粒径が肉眼で見える限界
シルト	0.02 〜 0.002mm	凝集して土塊を形成
粘土	0.002mm 以下	コロイド的な性質を持つ

〈土壌酸度 (pH)〉

　土壌酸度とは、土の中の水素イオン濃度 (pH) の数値で表される。pH7.0 が中性であり、それ未満が酸性、それより大きければアルカリ性となる。土壌酸度 (pH) が樹木の生育不良の直接的な原因になることは多くないが、地域によっては、土中の黄鉄鉱 (パイライト) が空気酸化されて硫酸が生じることで pH が 3 以下になるようなことがあったり、土質改良としてセメントや石灰を混ぜた土やコンクリートガラなどが多いアルカリ性土壌が、都市緑化で問題になる可能性もあるので、pH を把握しておくことも大切である。

　多くの植物の場合、弱酸性から中性の土 (pH5.5 〜 7.0) であれば生育に問題ないとされている。土壌の化学性が悪化すると、植物に必要な栄養素が吸収し難くなり、根に成長障害や病気が発生しやすくなる。

2. 生育不良や枯損原因に関する留意事項

〈踏圧〉

　樹木の生育不良や衰退の要因の一つに踏圧によるものがある。人が利用することで土に踏圧が加わり、表土や下層土が圧密を生じることで土壌の物理的構成が変化し、樹木の生育が衰退していく。しかし、土壌の物理的悪化であることは指摘されてきたものの、これらに関する詳しい研究は極めて少ないのが現状である。

　森本幸裕、増田拓朗の両氏 (ともに京都大学農学部造園学研究室) による研究報告によれば、樹木が健全に生育している所の土壌の細土容積重は 100g/100cm^3 より軽く、土壌の硬さは表土で 0 〜 4cm の N 値が打撃回数 10 回未満である。また、樹木が衰退している所の土壌の細土容積重は 100g/100cm^3 より重く、土壌の硬さは表土で 0 〜 4cm の N 値が打撃回数 30 回以上である (森本幸裕、増田拓朗「踏圧による土壌の圧密と樹木の生育状態について」『造園雑誌 39』日本造園学会、1975)。

〈適切な植栽土壌〉

　樹木の生育不良の原因は、土壌の物理性の不良、特に土壌が硬すぎることによる根系の発達不良と、根腐れを引き起こす土壌の通気性、透水性不良であることが多い。また、既存樹木は化学性に対しては適応幅が広く、養分要求度も低いので、果樹や農作物のように石灰や肥料を施さなくても、わが国の普通の土ならば問題なく生育することができる。

　参考として、国土交通省による樹木の生育に適切な植栽土壌の基準を挙げておく。

表1-34　国土交通省の植栽基盤土壌の基準

項目	化学性			物理性		
	pH	電気伝導度 (ds/m)	腐植	土性	透水性 (mm/hr)	土壌硬度 (長谷川式)
数値目安	5.0 〜 7.5	0.1 〜 1.0	3%以上	砂壌土 or 壌土	30 以上	1.5 〜 4.0cm

〈樹木の枯損原因〉

　樹木が枯損する原因は一つとは限らず、幾つかの要因が重なることが多いといえる。枯損の要因をまとめてみると次のようになる。

- 山、丘、湿地などの造成地形状　　　● 灌水の不備　　　　● 土壌、土質によるもの
- 工事中の地盤の締め固め (地下水の上昇が望めない、根の成長ができない)
- 植栽箇所 (位置) による枯損 (法肩の水枯れ、法尻の過湿)　　　● 植栽時期の適期

　そして、枯損を生み出す原因の多くは計画時点、つまり計画者の知識不足によるところが大きいともいえ、さらに植物自体の問題よりも、ほとんどの場合が、計画や施工時の少しの配慮の足りないことが大きく影響している。

　一方、樹木を枯損させないためには、樹木を日常的によく観察し、枯損の予兆を知ることで防ぐことができる。枯損の予兆としては以下に挙げるような事柄がある。

- 頂端部の枯損
- 葉の先端部の枯れ
- 葉の量の減少
- 虫による食害（木くず）や害虫発生の有無
- キノコの発生の有無

　樹木の枯損予兆や原因を知ると同時に、樹木の枯損を確認し、判断することも求められる。どのように枯損を確認するのかを以下に挙げてみる。

- 細枝の折損
- 春の芽出しの有無
- 枝の形状による変化（枝が内側に上がる）等

3. 植栽地の土壌改良

　土壌と排水層を含めた植栽地の土壌がその後の植物の生育に影響を与えるため、植栽地の土壌が重要となる。植栽地の土壌条件により、植栽地の土壌改良の仕方が異なる。植栽地の土壌改良を行う前に、植栽地の土壌の硬さ、水はけ、土壌pH、土壌汚染、地下水位の高さなど土壌条件を十分調査する必要がある。特に土壌の硬さ、水はけの問題を解決することが重要である。

　土壌改良は主に植栽地の土壌の物理性・化学性を改善するために改良資材や排水資材、通気資材などを混入または設置し、また、土壌の微生物性を改善するために堆肥などの有機物を施すことである。

表1-35　植栽基盤の改良項目と内容例

改良項目	改良内容例	改良場所・状況
土壌硬度の改良	①上層の20～30cmを耕うん（普通耕）	一般的な現地盤での植栽地等
	②大きな樹木などを植える場合には40～60cmの耕うん	
	③上層と下層の土質が異なる場合などに行う混合耕うん	現地盤に客土した場合等も
	④団結した土壌に高圧の空気を送り込み膨軟化するピックエアレーション	空気圧入耕起・既存の踏み固められ硬化した植込み地等
	⑤土壌の置換・客土	一般的な植栽地等
排水性の改良	①暗渠排水管の敷設（合成樹脂透水管を敷設し、排水設備を通じて余剰水を排水）	地下水位が高い場所、海岸埋立地、水が溜まる危険性のある植込み等
	②排水層の設置と暗渠排水管の敷設（根腐れ防止と下層の余剰水の排水）	地下水位が高い場所、水が溜まる危険性のある植込み、植え桝等
	③縦穴排水管（合成樹脂透水管等の通気透水管）の設置	周辺地盤が固い植込み、植え桝等
	④土壌改良材（パーライトや堆肥等）の混合	マサ土、粘質土での植栽等
	⑤盛土・築山造成	地下水位が高い場所等
通気性の改良	①土壌改良材（パーライトや炭、堆肥等）の混合	マサ土、粘質土での植栽等
	②通気透水管（合成樹脂透水管等）の敷設	地下水位が高い場所、植え桝等
	③つぼ堀改良（通気管と堆肥の敷設）	踏み固められた緑地等
	④土壌の置換	植栽基盤土壌が不適切な場合等
化学性の改良	①土壌改良材（バーミュキライトやゼオライト、完熟堆肥、炭等）の混合	一般的な植栽地等
	②物理性の改善とアルカリ中和剤・有機物の混入（中和剤やピートモスと発酵下水汚泥コンポスト等）	セメント系安定処理剤が使用されアルカリ化した場所等
	③物理性の改善と強制酸化促進剤等の混入	浚渫土など強酸性の還元土壌等
	④土壌の置換	植栽基盤土壌が不適切な場合等
養分性の改良	①土壌改良材・肥料（炭やゼオライト、堆肥等）の混合	一般的な植栽地等
	②土壌の置換	植栽基盤土壌が不適切な場合等
微生物性の改良	①堆肥・腐葉土等の有機改良資材及び炭の混合	一般的な植栽地等
	②落ち葉や堆肥などの有機物によるマルチング	
	③表土の有効利用	緑地部分の建設計画地の場合等

＜3. 植栽地の土壌改良／作成：樹木医・環境造園家・豊田幸夫＞

ユニバーサルデザイン

　集会場、公会堂、ホテルほか誰もが利用する施設では、バリアフリー新法（高齢者、障害者等の移動等の円滑化の促進に関する法律）が適用され、駐車場、アプローチ、視覚障害者誘導用ブロックなどについて規準が設けられている。個人住宅ではこうした規準は適用されないが、高齢者や障害者などの利用も念頭におき、計画、施工の際には考慮すべきである。ここでは、エクステリアにおけるバリアフリー新法の主な内容をまとめた。

1. 基準

　バリアフリー新法には、対象の建築物が適合しなくてはならない最低限のレベルとして建築物移動等円滑化基準(以下、基準)が設けられている。また、望ましいレベルとして建築物移動等円滑化誘導基準（以下、誘導基準）も示している。例えば、建物の出入口の幅は、車いすで円滑に利用できる80cmが基準だが、誘導基準では人と車椅子がすれ違える120cmとなっている。以下に駐車場、敷地内の通路に関する事項をまとめておく。

表1-36　駐車場と敷地内の通路に関する基準と誘導基準

施設等		基準	誘導基準
駐車場		● 幅350cm以上 ● 建物の出入口近くに設ける	
敷地内の通路		● 表面を滑りにくい材料で仕上げる ● 幅120cm以上	● 表面を滑りにくい材料で仕上げる ● 幅は180cm以上
	段がある場合	● 手すりを設ける ● 段が識別しやすい ● つまずきにくい	● 幅は140cm以上 ● 蹴上げは16cm以下 ● 踏面は30cm以上 ● 両側に手すりを設ける ● 段が識別しやすい ● つまずきにくい
	傾斜路*1 （スロープ）	● 手すりを設ける（勾配1/12以下で高さ16cm以下または1/20以下の傾斜部分は除く） ● 傾斜路の前後は通路と識別する ● 幅は120cm以上（階段に併設する場合は90cm以上） ● 勾配1/12以下*2（高さ16cm以下の場合は1/8以下） ● 高さが75cmを超える場合は、75cm以内ごとに踏幅150cm以上の踊り場を設ける（勾配1/20以下の場合は除く）	● 両側に手すりを設ける（高さ16cm以下または1/20以下の傾斜部分は除く） ● 傾斜路の前後は通路と識別する ● 幅は150cm以上（階段に併設する場合は120cm以上） ● 勾配は1/15以下

＊1　杖などによる危険の認知、車いすのキャスターなどの脱輪防止のため、側壁がない傾斜路側端には、5cm以上の立上りを設けることが望ましい
＊2　車いす使用者が自力で登坂できる勾配は1/12以下（1/12の勾配は国際シンボルマークの設置基準）、1/10の勾配だと、自力の通過は困難

120cm以上

a. 車いす使用者と横向きの人が
すれ違える寸法

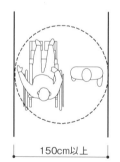

150cm以上

b. 人と車いす使用者がすれ違える寸法
車いす使用者が回転(360°)できる寸法

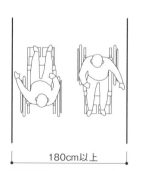

180cm以上

c. 車いす使用者同士がすれ違える寸法
車いす使用者と杖使用者がすれ違える寸法

図1-19　敷地内通路の有効幅員

2. 視覚障害者誘導用ブロック等

視覚障害者には、まったく視力を有しない全盲者と、ある程度の視力を有している弱視者がいるが、外出する際の手がかりとして、誘導ブロック等は依存度や信頼性が高く、重要な情報源でもある。

〈形状・寸法〉

視覚障害者の安全確保などを図ることを目的として、JIS T 9251（高齢者・障害者配慮設計指針－視覚障害者誘導用ブロック等の突起の形状・寸法及びその配列）が定められている。材質については、想定される使用場所を考慮し、滑りにくさ、耐久性、識別性を十分に維持できることが求められている。

〈突起の種類〉

誘導用ブロック等の突起は、視覚障害者に対して前方の危険の可能性や歩行方向の変更の必要性を予告または案内することを目的としている。靴底や白杖で触れることで認識できる点状または棒状の突起の集まりをいう。JISでは、誘導用ブロック等の大きさは300mm（目地込み）四方以上とされ、突起の断面はハーフドーム型（突起の上面部分［靴底などとの接触面］が平面になっているもの）としているほか、以下のように規定されている（図1-20、図1-21、ホーム縁端警告ブロックは省略）。

点状ブロック（点状突起）

- 点状突起は、注意を喚起する位置を示すための突起。配列は並列配列とする。
- 点状突起は、想定する主な歩行方向に対して平行に配列する。
- 点状突起の数は25（5×5）点を下限とし、ブロック等の大きさに応じて増やす。
- ブロック最外縁の点状突起の中心とブロック端部との距離は、s/2より5mmを超えない範囲で大きくしてもよい。

線状ブロック（線状突起）

- 線状突起は歩行方向を指示するための突起。線状突起の長手方向が歩行方向を示す。
- 線状突起の本数は4本を下限とし、ブロック等の大きさに応じて増やす。

〈設置場所と方法〉

- 歩道上とし、車道面には絶対に設置してはならない。
- 点状ブロックは、階段などの段差やスロープの始まりと終わり、交差点や横断歩道の位置、歩道上に設けられた構築物などの障害物の周り、誘導の方向の変異点の位置を示すなどの注意を喚起する必要がある場所に敷設する。
- 曲部や屈曲部にあっても、ブロックを切断加工しない。
- 同一施設で使用する誘導ブロック等は、原則として同一の形状寸法・材質のものとする。

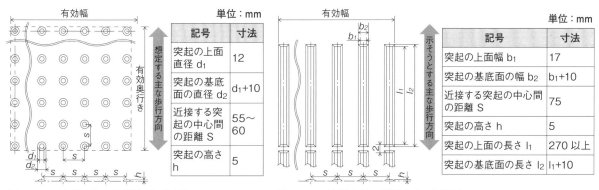

図1-20　点状突起の配列および寸法　　　　図1-21　線状突起の配列および寸法

3. 弱視者のための視認性

誘導ブロック等の多くは鮮明な黄色を使用しているが、これは黒色のアスファルト舗装との対比により識別しやすいこと、そして注意色であることによる。したがって、床舗装本体の色と誘導ブロック等の明暗をできるだけ大きく取り、十分なコントラストが得られるようにする必要がある。色の明暗によるコントラストは輝度比によるのが一般的である。輝度の差が大きいほど明暗のコントラストは大きくなる。明暗がはっきりした組合せの方がコントラストは大きく、一般に、弱視者が識別でき、健常者にも違和感の少ない輝度比は、1.5～2.5の範囲がよいとされている。

積雪と強風についての基礎知識

1. 雪下ろしの目安

カーポートやテラスの「耐積雪荷重」とは、積雪の重さに耐えられる目安の数値であり、新雪の場合の積雪高さも参考として表示されている。雪の重さは積雪量1cm当たり3kgf/m²で計算しているが、雪の状態（新雪・締雪・粗目雪）によって大きく変化するので、早めの雪おろしが必要となる。

表1-37 雪の状態と比重・積雪荷重（日本エクステリア工業会「エクステリア製品の豆知識」より）

新雪	締雪（しまりゆき）	粗目雪（ざらめゆき）
降り積もったばかりの雪	積雪の重みで圧縮された雪	一度解けて、再度凍って細やかな氷の粒が集まった雪
雪比重：約0.3 1cm当たり約3kgf/m²	雪比重：約0.5 1cm当たり約5kgf/m²	雪比重：約0.7 1cm当たり約7kgf/m²

表1-38 雪おろしの目安（日本エクステリア工業会「エクステリア製品の豆知識」より）

ラベル表示 積雪量	新雪 (cm) 雪比重：約0.3	締雪 (cm) 雪比重：約0.5	粗目雪 (cm) 雪比重：約0.7
20cm（60kgf/m²）	20	12	8
50cm（150kgf/m²）	50	30	21
100cm（300kgf/m²）	100	60	42
150cm（450kgf/m²）	150	90	64

2. 風の強さ

エクステリア製品の耐風圧性能はメーカーカタログなどに記載されているが、その数値と風の強さを理解するための参考として、気象庁が公表している目安を紹介しておく。なお、平均風速とは10分間の平均風速を示し、瞬間風速はある瞬間の風速を示す。

表1-39 風の強さと吹き方（気象庁資料より）

風の強さ予報用語	平均風速(m/s)	おおよその時速	人への影響	屋外・樹木の様子	建造物	おおよその瞬間風速(m/s)
やや強い風	10以上15未満	～50km	●風に向かって歩きにくくなる ●傘がさせない	●樹木全体が揺れ始める ●電線が揺れ始める	●樋が揺れ始める	20
強い風	15以上20未満	～70km	●風に向かって歩けなくなり、転倒する人も出る ●高所での作業はきわめて危険	●電線が鳴り始める ●看板やトタン板が外れ始める	●屋根瓦・屋根葺材がはがれるものがある ●雨戸やシャッターが揺れる	30
非常に強い風	20以上25未満	～90km	●何かにつかまっていないと立っていられない ●飛来物によって負傷するおそれがある	●細い木の幹が折れたり、根の張っていない木が倒れ始める ●看板が落下・飛散する ●道路標識が傾く	●屋根瓦・屋根葺材が飛散するものがある ●固定されていないプレハブ小屋が移動、転倒する ●ビニールハウスのフィルム（被覆材）が広範囲に破れる	40
非常に強い風	25以上30未満	～110km			●固定の不十分な金属屋根の葺材がめくれる ●養生の不十分な仮設足場が崩落する	
猛烈な風	30以上35未満	～125km	●屋外での行動は極めて危険	●多くの樹木が倒れる ●電柱や街灯で倒れるものがある ●ブロック壁で倒壊するものがある。	●外装材が広範囲にわたって飛散し、下地材が露出するものがある ●住家で倒壊するものがある ●鉄骨構造物で変形するものがある	50
猛烈な風	35以上40未満	～140km				60
猛烈な風	40以上	140km～				

第2章　門・塀で起こる事象

　エクステリア工事の一つである門・塀には、普通ブロック、化粧ブロック、型枠状コンクリートブロック、煉瓦、左官材料、塗料、タイル、自然石、万年塀など多種多様な材料が使われており、クレームになる事象もさまざまである。

　クレームの原因は、寒冷地に向かない材料を使用した場合の凍害など、設計段階の選択ミスもあるが、モルタルの充填不足や、鉄筋のかぶり厚さ不足など施工上の問題も多い。門・塀のクレームを防止するためには、躯体内への雨水浸入の防止などの品質管理が重要となる。

　以上を踏まえ、本章では門・塀の計画・施工上の留意点について、基本的な事柄をまとめた。

ブロック造 白華

完全に防止する手段はないが、発生しにくい施工方法や除去方法で対応

門・塀で起こる事象

どのような事象？

　白華とは、セメント二次製品などの表面に白い綿状の物質が吹き出た事象をいう。白華の原因と生成過程は①セメントと骨材が硬化の過程で水に反応して水酸化カルシウムができる②製品内の水酸化カルシウムは浸透した水に溶解し、水分の移行によって表層部で蒸発することで製品表面に水酸化カルシウムが残存する③その後、水酸化カルシウムは空気中の炭酸ガスにより炭酸カルシウムに変容する——ことであり、この表面に残された炭酸カルシウムが一般的に白華といわれる。白華は冬期および雨期に発生する場合が多く、現在もその発生を防止する方法は見つかっていない。成分自体が炭酸カルシウムであることから、製品の構造に悪影響を及ぼすことはなく、また人体にも無害な成分であるが、発生しにくい施工方法・除去方法は検討の余地がある。

事象例の原因と対策

原因 **現場A**　空洞ブロック（普通コンクリートブロック）を使用して土留めにしているため、宅地内の地盤の高さの部分から雨水などの水分が塀内部に浸入した。その後、空洞内に滞留した水分が外部に流出、乾燥後に白華事象が発生した。空洞ブロックは型枠状ブロックと比較して防水性が低いものが多く、土留めに使用すると水分を浸入させて白華事象や内部鉄筋の腐食などの強度劣化につながる。

原因 **現場B**　雨水などがブロック天端から浸入したか、土に接している宅地側のブロックや基礎付近に水分が滞留してブロック内部に浸入した後、基礎とブロック塀の接合部から水分が流出、乾燥後に白華事象が発生した。基礎とブロック塀の接合部に水分が浸入することにより、内部鉄筋の腐食にもつながっていると思われる。

原因 **現場C**　突合せ目地製品によく見られる事象で、ブロック接合部分のモルタル充填不足が考えられる。また、施工時に滞留した雨水の排水処理をしないで完了した場合も、同様の事象が発生する。

対策 **現場A、B、C 共通**　事前（計画・施工時）と、事象発生後に分けて以下のように対策を示す。なお、時間の経過とともにセメント成分が安定することで、白華事象は解消する。

〈事前にやるべきこと〉
- 天端笠木の設置により、雨水の浸入を抑えることができる。
- 土に触れる部分は、布基礎や型枠状ブロックの基礎にする。
- 施工時はブロック内の水分の排水処理を行い、内部に水分を残さないことや、表面の乾燥養生を十分に行う。
- 塀と床面が接触する場合は溝（U字溝など）の設置や、十分な水勾配をとって塀際の水の滞留を防止する。
- ブロック塀の宅地側が地盤土の場合や、花壇施工の場合は、水分の浸入を抑える防水シートや撥水剤塗布を施す。
- スクリーンや透かしタイプのブロックをデザインなどで使用する場合は、撥水剤塗布を施す。
- 角門柱内は、コンクリートを全充填するか、中空（鉄骨芯など）にして、最下部に水抜き穴を設置する。
- 施工後に浸透性撥水剤などを塗布する場合は、周囲の金属類に注意する。

〈発生後にやるべきこと〉
- 白華が発生した場合は、早急にブラシやスクレーパー、または白華除去剤で除去し、浸透性撥水剤を塗布する。
- 基礎や目地または天端部分からの水の浸入を抑える処理を施す。

ブロック造 ひび割れ

様々な要因が考えられるが、法令を順守した計画・施工を

どのような事象？

　一概にブロック塀の亀裂といっても、多様なひび割れが存在する。一般的に、吸水率が高く強度の低い軽量ブロック（A 種）は経年劣化によるひび割れの可能性が高いが、重量ブロック（C 種）のひび割れは外部要因から発生する場合が多い。また、亀裂は、将来的に構造上大きな問題に発展する可能性が高い亀裂（0.3mm 以上）と、構造には大きな影響がなく意匠上の問題だけにとどまる亀裂（0.3mm 未満、ヘアークラック）に分けられる。さらに、ブロック塀のひび割れはブロック目地割れとブロック本体ひび割れに分けられるが、目地割れはモルタルの収縮や経年劣化で発生することが多く、ヘアークラックなどの比較的軽微な事象が多い。ブロック本体のひび割れの場合は、基礎に起因する問題や内部鉄筋不足などから発生する重大な事象が多い。

事象例の原因と対策

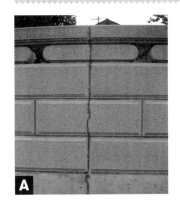

原因　**現場 A**　基礎構造に亀裂が発生し、上部に組積されたブロックまで波及している。基礎の亀裂の原因は、鉄筋が適切に配筋されていない可能性と転圧不足、地耐力の調査不足、想定以上に外部からの力（地盤沈下など）が加わった場合が考えられる。

対策　**現場 A**　地耐力に合った基礎形状と、基準（建築基準法）に適合した適切な配筋を施す。必要であれば地盤改良を行う。また、適切な位置に目地を設置する。事後対策として、写真ではモルタルによる補修が施されているが、構造上危険をはらんだ現場と考えられるので、基礎を含めた改修が必要である。

原因　**現場 B**　幅 100mm 厚のブロックを使用して空洞部にフェンス柱を埋め込んだ場合は、柱の膨張やモルタルのかぶり厚さ不足、あるいは風圧などの外部要因によってブロック本体に亀裂が入る事象が発生する。また、柱の固定を早めるために急結剤などを使用すると、モルタルの収縮によるひび割れも発生する。

対策　**現場 B**　ブロック 3 段程度の高さであること、部分的な亀裂であることから、倒壊などの重大事故につながる可能性は低い。本来ブロックの空洞部は鉄筋を挿入する部分であることを十分認識したうえで、フェンス基礎にブロックを採用する場合は幅 150mm 以上のコンクリートブロック、または型枠状ブロックを使用することが望ましい。なお、急結剤の混入はあらゆる製品においてクラックの原因となるため、使用を控えるべきである。

原因　**現場 C**　900mm 大谷石タイプのブロックに、細い糸状のクラック（ヘアークラック）が入っている（写真の赤い点線沿い）。原因は目地モルタルや充填モルタルの強度が強く、硬化する時の収縮によりブロック本体に糸状の亀裂が生じたと想定される。

対策　**現場 C**　このヘアークラックは、構造自体に影響を及ぼす症状ではないため危険度は低い。補修剤で修復しても跡は残ってしまう。最初に施工する際、セメント 1 対砂 2.5 のモルタル調合比率を順守することがクレームを防ぐ一番の方法である。

ブロック造 変色

原因は様々だが、早期の対応が決め手

どのような事象？

　ブロック塀の施工後、赤茶けた物質がブロックの表面に現れることが、ごくまれにだがある。一般的にはブロック内部の鉄分が酸化して赤錆（さび）となって表面に現れる事象である。ブロック内部に鉄分が混入する原因は製造上の問題、施工上の問題、フェンス・ポストなどの付属品から発生する場合など様々だが、問題の性質上から早期の対応が望ましい。また、フェンスやポストなどから流れてきた雨水などが原因で、変色することもある。

事象例の原因と対策

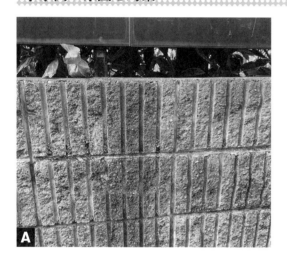

原因 **現場 A**　ブロック塀上に設置されたアルミフェンスの継ぎ手部分から雨水などの水分が落ちることによって、ブロック塀天端部分の一部からブロック塀へと水分が浸入したり、表面に付着して黒ずみやカビを発生させる事象が多い。また、アルミフェンスの柱を伝って流れてきた水分によっても変色事象は発生する。

対策 **現場 A**　フェンス面に付着した水分の落下は防ぐことが難しく、ブロック塀表面に浸透性の撥水（はっすい）剤を塗布することや、天端に笠木を設置することでブロック表面に水分が染み込まないように配慮する。カビの予防剤も効果的である。

原因 **現場 B**　錆が点状に発生していることから、ブロック製造時に鉄分が原料に混入していたか、または、製造時に工場部品の鉄の切れ端が紛れ込んだことも想定できる。あるいは、ショットブラスト加工時に鉄球がブロック本体にめり込み、雨水で錆が発生したことも考えられる。

対策 **現場 B**　構造上の問題はないが、挿入した鉄分の部分を取り除き、補修材などを施工することが、見栄え上からも適切である。

原因 **現場 C**　写真を見る限りでは、目地部分から錆が垂れている可能性が高い。これは目地モルタルを混練りした時点で原料の砂の中に鉄分が含まれており、雨水によって錆部分がブロックに流れ落ちたと想定できる。

対策 **現場 C**　構造に大きな影響はないと思われるが、今後も汚れが拡大する可能性は高いので、汚れた部分を洗い落とし、撥水剤を塗布することで水の浸透を防ぐ。

ブロック造 剥離・膨張破裂

一度浸入した雨水は排出されない。何よりも浸入防止を

どのような事象？

　ブロック塀の施工時において、雨天による養生不足でブロック内部に雨水を浸入させてしまったり、施工後にブロックやモルタルの亀裂から雨水などの水分が浸入して空洞部内で滞留してしまうと、気温の低下とともに水分が凍結して膨張[*1]することでブロックの表層部が剥離したり、破裂を起こしてしまう。特に気温の低い寒冷地などで現れる事象である。

[*1]　水は4℃で体積が最小（密度最大）となり、氷になると約9%体積が増える。これは、水分子の間で水素と酸素が水素結合を起こして結晶化するためで、この結晶構造の隙間が多いため体積が増加する。

事象例の原因と対策

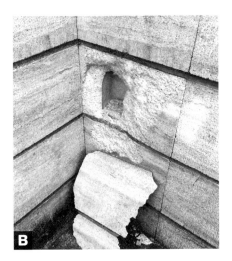

原因　**現場A、B共通**　コンクリートブロック自体の密度は高いので、雨水が内部まで染み込むことは少ない。逆に、気密性が高いため、内部に浸入した雨水が外部に放出されないという問題もある。

　塀の内部に雨水が浸入する主な原因は次の通り。

1. 天端部をモルタルで処理した場合、モルタルの亀裂およびブロック接合部の隙間から浸入する。
2. 突きつけ目地の場合、空洞部にモルタルを充填しないと、ブロック同士の隙間部分から雨水が浸入する。
3. ブロック塀にフェンスを設置した場合、フェンス足の挿入部分や天端部などのモルタル処理をした箇所から雨水が浸入する。
4. モルタル目地の隙間から雨水が浸入する。

対策　**現場A、B共通**
　雨水の浸入を防ぐ方法は次の通り。

a. ブロック塀に笠木を設置すると、雨水の浸入を防ぐと同時に防汚対策にもなる。
b. 天端をモルタル処理する場合、モルタルに防水剤を混入する。
c. 突きつけ目地製品を使用する場合、ブロックの接合部分には必ずモルタルを充填する。
d. ブロック塀にフェンスを設置する場合、天端部やフェンス足の挿入部のモルタルには防水剤を混入する。また、急結剤はクラック発生の原因にもなるため、使用しないことが望ましい。
e. 目地用モルタルは、必ず目地押さえを実施し、隙間をなくす。
　事象発生後の対策としては、破損した箇所のブロック面をはつり、空洞部にモルタルをしっかりと充填したうえ、化粧ブロックのフェイスシェルを切削し、張り付ける方法などがあるが、専門業者に相談となる。

〈参考／モルタルの調合〉

　目地モルタル、充填モルタルとも調合比（容積比）は、セメント1に対して砂2.5として、必要に応じてモルタルの品質をあげる添加剤を入れる。モルタルに用いる砂のうち目地モルタルには最大粒径2.5mmのものを、充填用モルタルの骨材の最大粒径は5.0mmとする。セメントは、JIS R 5210に定められている普通ポルトランドセメントとする。

ブロック造 凍害・塩害
寒冷地・海岸周辺では要注意、発見後は早急に対策を

どのような事象？

　コンクリートブロック内の水分の凍結による体積膨張によって発生するものであり、長年にわたる凍結膨張・融解の繰返しによって、ブロックが徐々に劣化する事象を凍害という。これはコンクリートブロックに限らず、コンクリート製品や煉瓦、天然石材など、水が浸透する全ての材料に発生する事象である。寒冷地では不可避の事象といえる。東北・北海道はもとより、北関東・甲信越地区にも一部見られる。

　また、海岸周辺の地域でも同様の事象が発生するが、これは塩分を含んだ潮風がコンクリートに付着し、雨水によって塀の内部に塩分が浸透することで塩の結晶となり、膨張した場合も、凍結融解と同様の事象を起こす。

事象例の原因と対策

原因 **現場A**　寒冷地の現場。コンクリートブロックの表面はある程度吸水することがあるため、塀表面に浸透した水分が数年にわたり冬期および温暖期に凍結と融解を繰り返すことで、ブロック塀表面を破壊し始めている。事象が下方部に集中し、基礎にまで達しているのは、上層部の水分が下方に移動し、水分が常時滞留したためと推察される。

対策 **現場A**　ブロックの天端に笠木を付ける、または、天端モルタルと目地モルタルには防水剤を練り込むことが望ましい。フェンス足の挿入部分とフェンス部の天端にも、水の浸入を防ぐ対策が必要。施工後、ブロック塀表層部に撥水剤を塗布することは防汚にもなり、効果的である。

原因 **現場B**　海岸沿いの現場。潮風の塩分がブロック塀に付着し、雨水とともにブロック表面に浸入した。ブロックの表面から水分が蒸発するとともに塩分が結晶化し、その繰り返しによる結晶の膨張でコンクリートブロックの表層部を破壊し始め、写真のような事象となって現れた。

対策 **現場B**　外観上は表層部の破壊だが、構造部分に悪影響を与えている可能性もある。塩分を含んだ水分が塀の内部の鉄筋を腐食させていることも考えられるので、早急に鉄筋の腐食度合いの確認が必要。防止対策は、施工完了時に撥水剤を全面に塗布して、塩分の浸入を防ぐ。

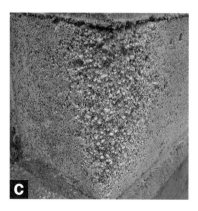

原因 **現場C**　現場Bと同様の原因。塩害が下部に集中しているので、ブロック内部に水が浸入している可能性も否定できない。さらに寒冷地の沿岸部においては、凍結融解と塩害が同時進行する場合があるため、注意が必要。

対策 **現場C**　劣化が進んでいるので、早い段階で内部鉄筋の腐食度合いの確認が必要。腐食度合いによっては危険性が高まるため、改築も検討する。腐食が進んでいない場合は、高圧洗浄などである程度塩分を洗い落とし、その後、撥水剤を塀全面に塗布して水分の浸入を防ぐ。

ブロック造 その他（基礎・耐久性）

基礎に問題が発生すれば、全体の取り壊しにつながる

門・塀で起こる事象

どのような事象？

　ブロック塀の安全性を確保するためには、塀の構造を支える基礎が重要であることはいうまでもない。また、ブロック製品の品種選択とその品種ごとの耐久性も安全を支える上で大きな要素となる。基礎については、塀そのものを支える大切な部分であり、建築基準法に示されている通り、根入れは30cm以上が必要、基礎の丈は35cm以上が必要となる。縦筋もブロック内で継いではならず基礎への定着も定められている。布基礎や型枠状ブロックが基礎として認められているが、塀ブロックと同種の空洞ブロックを埋め込むことは禁じられている。塀の素材としての透かしブロックも連続使用や塀の最下部、最上部への使用は禁じられている。

事象例の原因と対策

A

基礎

原因 **現場A**　写真の赤い点線沿いにひび割れが発生している。上部のブロック塀はまだ設置して新しそうに見えるが、基礎部が断裂し、その亀裂が基礎とブロックの接合部にまで及んでいる。

　主な原因としては、地盤沈下や地震などを含めた何らかの圧力が基礎部に作用して発生したと思われるが、ここまでの亀裂が発生するには、以下の要因も推定される。

1. 基礎部に鉄筋が配筋されていない。
2. 基礎のコンクリート強度が不足している。

対策 **現場A**　基礎部に大きな亀裂が入っていることと、ブロックとの接合部も長スパンにわたって亀裂剥離が進んでいることから、ブロック塀の安全上、取り壊しが適切と考える。

B

基礎

原因 **現場B**　塀と同種の空洞ブロックを基礎に埋め込んでいることにより腐食が始まり、本来の基礎としての機能や強度が劣化している。また、透かしブロックを斜めに連続使用していることで塀の強度が低下し、震災などの際に転倒や倒壊を起こす可能性が大きくなっている。

対策 **現場B**　事後の対策手段はない。解体撤去を勧める。本来、計画段階で建築基準法を順守した設計を行い、安全性の高い基礎を構築すべきである。また、透かしブロックは縦筋、横筋ともに鉄筋に対するモルタルのかぶり厚さ不足を起こすので、使用は控えたい。意匠性により使用する場合は、配筋ができて、モルタルでかぶり厚さが取れる材料を選択する。

〈参考／鉄筋に対するコンクリートやモルタルのかぶり厚さ〉

表2-1　かぶり厚さ（表の数値以上とする）

構造の部分	かぶり厚さ（mm）
壁体・ブロック造の控壁または門柱	20
ブロック壁体、ブロック造の控壁または門柱	20（ブロック内面から鉄筋までの距離）
直接土に接する基礎および基礎立上り部分	40
基礎スラブ	60（捨てコンクリートの部分を除く）

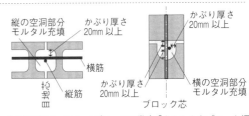

全国建築コンクリートブロック工業会「あんしんなブロック塀をつくるためのガイドブック シリーズ2 設計者編」より

コンクリート造 白華・ポップアウト

表面に発生するクレーム事象

どのような事象？

白華とは、コンクリート中の水酸化カルシウムが、浸入した雨水などに溶けて表面に露出し、空気中の二酸化炭素などと反応して炭酸カルシウムになる事象のこと（詳細は事象01（p.38）」を参照）。コンクリートはブロックや煉瓦と比較すると雨水は浸入しにくいが、クラックなどがあると、そこから雨水などの水分が浸入して白華が発生する。

ポップアウトとはコンクリートの劣化事象で、表面が薄い皿状に剥がれ落ちることを指す。原因は様々であり、骨材に吸水性粘土鉱物のような膨張性を持つ物質の混入、凍害、アルカリ骨材反応[*1]、鉄筋の錆（さび）による膨張などがある。

事象例の原因と対策

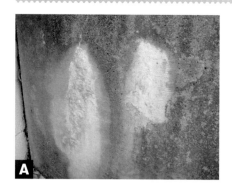

原因 **現場A** コンクリート造の塀の場合、ブロック造の塀と比較すると躯体内に雨水が浸入する可能性は低い。したがって、このようにコンクリート造の塀が白華している場合はクラックが原因であることが多い。特に、背面に土があり土留めになっている場合は、背面から浸み込んだ水分が、表面に露出する際に白華を発生させる。

対策 **現場A** まず白華を除去して、コンクリート躯体の状況を確認する。クラックが入っていた場合は、クラックの幅に応じて適切な補修を実施する。一般的にはエポキシ樹脂を注入するケースが多い。

また、コンクリート造の塀が土留めを兼ねている場合は、クラックの補修と合わせて、背面に防水処理を実施すると効果的である。防水の方法としては、防水シートを張ることが有効である。

クラックが入っていない場合は、白華を発生している部分の周辺に水分の供給がないかの調査を行うが、原因が見つからない場合が多い。放水試験を実施すると原因が判明する場合もある。

原因 **現場B** コンクリート壁の表面が剥がれるポップアウト事象。原因としては①鉄筋のかぶり厚さ不足で錆発生②膨張性の骨材混入③凍害④アルカリ骨材反応[*1]——などが考えられる。写真Bの現場は鉄筋の露出が見られ、錆を発生して膨張し、ポップアウトを起こしている。鉄筋のかぶり厚さ不足は、打ち込み時の鉄筋に付着した水分程度でも、鉄筋腐食によりポップアウトが発生する。

対策 **現場B** 鉄筋を正確に配置し、かぶり厚さを確保する。膨張性のある物質やアルカリ骨材反応を起こす骨材を使用しない。ポップアウトが発生してしまった場合は、剥離している部分を除去してモルタルを充填するが、補修跡は残る。意匠性を保つ場合は、ポップアウトの発生がなくなってから、全面的に補修する必要がある。

*1 骨材中の特定の鉱物とコンクリート中のアルカリ性細孔溶液との間の化学反応のことで、コンクリート内部で局部的な容積膨張が生じ、ひび割れを生じさせる。アルカリ骨材反応にもいくつか種類があるが、最も多く発生しているのは、アルカリイオン、水酸基イオンと骨材中に含まれる準安定なシリカとの間に起こるアルカリシリカ反応である。

コンクリート造 錆・開口部クラック
適切な配筋とかぶり厚さを確保する

どのような事象？

　打設当初のコンクリートは強アルカリ性であり、水や空気などの影響による鉄筋の錆を防いでいるが、長い年月が経過するとコンクリートの中性化[*1]が進行し、コンクリート内部の鉄筋が酸化しやすく（錆やすく）なる。また、コンクリートにひび割れなどが発生すると、空気と水が浸入してくる。鉄は錆ると、その体積を2.5倍に膨張させ、その膨張圧力でコンクリートのひび割れを押し広げ、最終的に錆汁がコンクリート表面に出てくるようになり、耐力に大きな影響を及ぼす。

　また、スリットなどの開口部は力が集中しやすくなるため、適切な補強がされていないとクラックが発生する。クラックが発生すると、上記のような鉄筋の錆をまねくことにつながる。

事象例の原因と対策

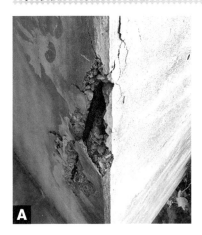

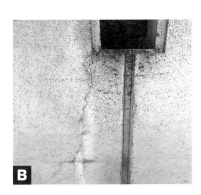

原因 現場A　コンクリート内部の鉄筋の状態を見ると、配筋が適切にされていなかったことが分かる。そのためにコンクリートのかぶり厚さ不足となってクラックが生じ、そこから入った水分によって鉄筋が錆て、爆裂している。

対策 現場A　鉄筋の錆の発生を防ぐには適切な配筋と、適切な鉄筋のかぶり厚さを確保することが重要である。屋外における部位ごとの必要かぶり厚さは表1-10（p.14）を参照。

原因 現場B　クラックの原因としては、スリット部に開口補強筋が入っていないことが考えられる。

対策 現場B　クラックに対しては通常、V字にカットして無収縮のモルタルで補修するか、エポキシ樹脂を注入するかであるが、コンクリート打放し仕上げの場合、補修跡が残ってしまうので適していない。補修後に美装仕上げを行うなど、美観上からも検討が必要である。

　写真のようなコンクリート構造物にスリットなどを入れる場合は、日本建築学会の基準により、下図の通り必ず開口部補強筋を入れる。

*1　pH12～13の強アルカリ性であるコンクリートに、大気中の二酸化炭素が侵入し、水酸化カルシウムなどのセメント水和物と炭酸化反応を起こすことによって細孔溶液のpHを低下させる劣化事象。大気中の二酸化炭素に加えて自動車等の排気ガス中の亜硫酸ガス、酸性雨などもコンクリートを中性化させる原因となる。

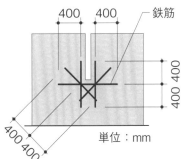

- 鉄筋の定着長は、D10の場合 40d＝400となる
- 溶接金網による補強も効果があるので、現場の状況に応じて選択する
- 斜筋を縦・横補強筋でおきかえる場合は設計者の指示による
- 斜筋は内側に配置する。壁筋を切断しない場合は補強を要しない

図2-1　開口部補強筋（日本建築学会の基準図をもとに作成）

煉瓦造 白華

吸水性、浸透性のある材料なので特に注意が必要

どのような事象？

　吸水性、浸透性のある煉瓦やタイル、一部の大理石では、表面が全体的に白くなる「粉ふき事象」と、目地材が白っぽくなる「目地白華事象」がある。どちらも一次白華といわれ、目地モルタル、充填モルタルなどに使用する練り水が乾燥する段階で発生する。

　また、いったん乾燥したモルタルやコンクリートの内部に降雨などによって水分が浸透し、その水分が煉瓦表面で蒸発乾燥する際に発生する白華のことを二次白華という。二次白華は水分が吸収されるかぎり止まらない。

　白華の生成過程については事象01（p.38）を参照。

事象例の原因と対策

原因 **現場A**　煉瓦門柱の裏側にポーチ土間があり、雨水や散水などで水分が床に滞留して煉瓦内に浸入後、外部に流出して乾燥したことで白華が発生した事象。門柱裏側に花壇がある場合なども、同じような事象が発生することがある。

対策 **現場A**　煉瓦門柱などは土間に直接付けないようにする。土間を付けなくてはならない場合は、煉瓦と土間の間にU字溝などを設置して、水が滞留しても直接煉瓦に影響を与えないようにする。煉瓦に接する部分に防水シートの養生を施すことも効果的な施工方法である。設計時や施工時に注意する。

原因 **現場B**　現場Aと同じように、花壇内で水の滞留を起こし、外部流出後に乾燥したことによる事象。花壇の場合は、肥料にも白華となる成分が含まれていることが多く、水で溶かされた後に流出、乾燥する。

対策 **現場B**　花壇などの水の滞留を起こしやすい場所では、吸水率の高い煉瓦の使用を控える。花壇内側の土に触れる部分に防水シート養生をすることは効果的である。水分の地下浸透を心がけて施工することが大切である。

原因 **現場C**　煉瓦門柱の内部に水が滞留していることが原因である。施工時に門柱内部に土や砂利を入れ、上部のみにコンクリートを充填したため、下部に水分が滞留している。煉瓦門柱内に浸入した水分を内部の土が保水している状態で、水抜き養生がされていない事象である。

対策 **現場C**　門柱施工の際に、内部が空洞の状態で水抜き穴を最下部につくる、または、門柱内部はコンクリートによる全充填を施す。

対策 **現場A、B、C共通**　発生した白華の除去は、洗浄する箇所を水で十分濡らしてから工業用塩酸（35％濃度）を、10〜30倍液に希釈した溶液でブラシなどを用いて洗浄する。筋状や塊状に堆積した白華は、スクレーパー、ブラシなどを用いてあらかじめ除去しておくとよい。

煉瓦造 凍害
材料の特性と施工地域に注意

どのような事象？

　煉瓦の持つ気孔から吸収された水分が凍るときに体積膨張を起こし、それが何度も繰り返された結果、膨張圧により破損する。全ての煉瓦が凍害をうけるわけではなく、一般に、吸水率の低い煉瓦は凍害をうけにくいとされているが、吸水率や気孔の構造は、原料や製造過程によって異なる。さらに、材料の強度や弾性係数、温度差、熱膨張率、熱伝導率などの複合された物性が凍結・融解を決めるため、材料は慎重に選ぶことが大切である。常に湿っている躯体（下地）面への施工や、雪の吹き溜まりになりやすい壁面への施工などは、凍害が起きやすいので注意が必要である。

　また、凍結融解の繰り返しだけではなく、数回でも凍害が発生しうることが報告されている。

事象例の原因と対策

B 写真提供＝北見工業大学社会環境工学科

＊1　中村大（北見工業大学工学部社会環境工学科准教授）ら「JR北見駅駐車場レンガ壁で生じた凍害の発生メカニズムの解明」『Journal of MMIJ』vol.132,No1,2016, 一般社団法人 資源・素材学会

原因　現場 A　煉瓦内部に浸みこんだ水分が凍結膨張・融解を繰り返して、内部から破裂して層状に剥れている。表面剥離を起こす事象（水和膨張）や、海沿いの地域などであれば結晶圧と呼ばれる水溶性塩類の結晶による破壊（塩害）の可能性もある。特に気温の低い地域で凍害は発生する。

原因　現場 B　北海道北見市における花壇に設置された煉瓦のひび割れ。北見工業大学の中村大氏らの研究論文によれば「晩冬、夜間の寒気によって完全に凍結していたレンガは、日中の日差しや暖気によって表面から融解していく。ただし、晩冬は日差しが弱いため、レンガは完全には融解せず、表層は融解しているが、深部は凍結したままである。この状況で夜を迎えると、日中に発生した未凍結部分は夜間の寒気によって閉じこめられるように再凍結することになる。このため、レンガの上部に存在する水分は閉塞するように凍結し、内部圧力が高まり、レンガが割れることとなる」とひび割れの原因を説明している＊1。実験でも、上記の再凍結時にひび割れが発生することを実証しており、このような場合のひび割れは層状ではなく、線状、T字形、亀甲状などの形状となる。

対策　現場 A、B 共通　凍害が発生してしまった煉瓦は取り替えて修繕するしかない。
　計画時における煉瓦の選択、施工段階における注意点は次のようになる。

● 高い焼成温度（1,160 〜 1,200℃）で製造されているものを使用する。原材料の配合にも注意して製品を選ぶ。細粒子と粗粒子が配合してあれば、焼成時に収縮率が異なることでたくさんの連結空隙ができ、耐凍害性が向上する（ただし、凍害は起こりにくいが、空隙率が高いのでヘアークラックが表面に現れることがある）。

● 施工後は、煉瓦に水分が浸入しないように、表面に浸透性撥水剤を塗布したり、笠木を設置することも効果的である。

● 土に接する場合には防水シートを施し、内部に水分が浸入しないようにする。夏期の施工ではモルタルのドライアウトを起こさないように煉瓦の水湿しを行う。煉瓦全体にモルタルを付け、空隙をつくらない。

左官・塗装仕上げ 白華

下地が原因、美観を大きく損ねる

どのような事象？

　塗装の仕上げ材には白華となる成分が含まれていない。したがって、下地のセメントモルタル、コンクリート中の石灰などが水に溶けて表面に染み出し、空気中の炭酸ガスと化合して現れる（白華の生成過程については事象01［p.38］参照）。

　また、下地に白華が発生した状態で仕上げ材を塗布してしまうと、剥離などの施工不良につながる危険性がある。さらに、仕上げ材塗布の段階では下地に白華事象が確認されていなくても、塗布完了後に仕上げ材塗膜を透過して白華が表面に析出する場合がある。構造上は影響がない場合がほとんどであるが、仕上げ材の色によっては白華が目立つ、もしくは変色を起こし、著しく美観を損ねることになる。

事象例の原因と対策

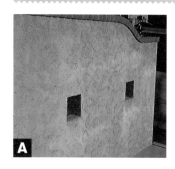

原因 現場A 下地からの白華成分が仕上げ材塗膜を透過して表面に析出したものと思われる。天端煉瓦および開口部より雨水が浸入したために白華が発生した。

対策 現場A 下地がコンクリートブロックの場合は、天端より雨水が浸入しないように、笠木煉瓦を施工する前段階で、コンクリートブロック天端にモルタル処理を施す必要がある。また、笠木煉瓦の施工後、煉瓦に撥水剤を塗布すると、さらに防水性が高まる。意匠目的の開口部分は、底面部に水が溜まらないように勾配をとる必要がある。

原因 現場B ポスト取付けの際にポスト周りをモルタルで固定しているが、そのモルタルが収縮したことにより隙間ができてしまい、そこから雨水が浸入したことが原因であると思われる。

対策 現場B ポストを取付け後、左官・塗装仕上げをする際には、ポスト上部と側面に変成シリコン系のシーリング材[*1]によるシーリング処理をして、雨水の浸入を防がなければならない。ただし、ポスト下部はシーリングしないこと。

原因 現場C モザイクタイルの白目地材に雨水などの水分が浸入し、白華成分となって外部に流出した事象である。

対策 現場C モザイクタイルの白目地材が硬化した後、雨水などの浸入を防ぐために撥水処理を施し、白華成分が流出しないようにする。

対策 現場A、B、C 共通 発生した白華の除去方法は、ブラシやスクレーパー、または白華除去剤で除去し、上記対策のような水の浸入を抑える処置を施す。

*1　不定形シーリング材にはシリコン系、変形シリコン系、ウレタン系、アクリル系などの種類があるが、エクステリアで使用するシーリング材は、塗装ができる変成シリコン系を使用する。シリコン系のシーリング材だと、その部分だけ塗料が乗らずに施工不良の原因となってしまう。また、同じシーリング材でも「1液型」と「2液型」に分類される。1液型は自然に硬化するタイプで、施工面積の小さな箇所で使用される。2液型はシーリング材に硬化剤を混ぜることで硬化するので、専用の撹拌機が必要となる。シーリング材を大量生産できることから、施工面積が大きいシーリング工事で使用される。

左官・塗装仕上げ 塗膜不良・膨張

養生期間不足が主な原因、材料の性質にも注意

どのような事象？

　塗膜不良の主な原因は養生期間不足である。下地がコンクリートブロックの場合は、コンクリートブロック施工後にモルタルを塗って下地を作成するが、モルタルの硬化収縮期間や天候などを複合的に考えて、養生期間を定める必要がある。

　膨張は、内部からの圧力で塗膜が部分的に膨らむ事象。原因は下地から染み出したり、塗膜表面から浸透した水分や、界面で発生したガスなどである。表面が多孔質で、水分を吸収しやすいコンクリートブロック下地の場合に起こるので、塗料を塗る際には吸水を抑えるためのシーラーの塗布が必須である。

事象例の原因と対策

原因 **現場 A**　養生期間を十分に取らずに施工した場合、アルカリ性物質の影響による白華の析出や、仕上げ材自体の変色の危険性がある。写真の事象は、下地が十分に乾燥していない状態で撥水剤（はっすい）を塗布したためと思われる。仕上げ材が白色系の場合は目立たないが、濃い色の場合は目立ってしまう。

対策 **現場 A**　一般的には下地施工完了後2週間程度経過すると、モルタルのアルカリ度がpH=10以下となり、仕上げ材塗布下地として良好になるとされている。同時期にセメントモルタルの含水率も10%以下となり、施工に適した下地となる。ただし、その養生期間中にコンクリートブロックが雨にさらされたりした場合は、コンクリートブロックの空洞部や コンクリートブロック自体が水分を持ってしまうため、養生期間を適宜延ばす必要がある。また、気温や湿度にも影響を受けやすいので注意する。

　このように、塗装下地はコンクリートブロックとセメントモルタルの複合品であること、天候などの外的要因による影響を受けやすいことから、下地については「よく乾燥させる」ことを徹底する。

　発生した白華は、ブラシや白華除去剤などで除去する。

原因 **現場 B**　笠木より雨水が浸入し、その水分により仕上げ材（弾性仕上げ材）が膨張した。

対策 **現場 B**　外構で使用する仕上げ材は、骨材同士の隙間を適度に保ち、水分の通り道を確保した材料を選択する。また、笠木から雨水が浸入しないようにして、シーリング処理や表面に撥水剤を塗布するなどの工夫が必要となる。笠木材が目地をとらないで突きつけされていると雨水が浸入しやすいので、目地を設ける。

左官・塗装仕上げ 凍害・カビ

土間や背面からの水分の浸入を防ぐ

どのような事象？

凍害とは、低温下での施工時における仕上げ材の硬化不良や塗膜の剥離・爆裂などの事象。硬化不良は仕上げ材に含まれる水分が蒸発する前に凍結してしまい、スポンジ状の塗膜となって表面強度が不十分になる。剥離・爆裂は、事象 12（p.49）と同様に塗膜と下地の界面にある水分が原因であるが、施工時に現れる凍害は養生不足によるものであり、施工後に現れるものについては、外部からの水の浸入により発生することが多い。

カビや苔は、付着した汚れを栄養分として繁茂するので、立地などの環境によっても、その現れ方は異なる。カビや苔の発生を抑える機能が付加された塗料もあるが[*1]、風雨にさらされる外壁では完全に防止することはできないので、汚れと同様に時折洗浄する必要がある。

事象例の原因と対策

 原因 現場 A 凍害による剥離のようであるが、原因としては以下の３点が考えられる。

1. 施工中および養生中に残った水分が乾く前に凍ってしまったことによる剥離・爆裂。
2. 背面の土からの水の浸入などで内部に水分が溜まった結果、その水分が引き起こした凍害による剥離・爆裂。
3. 土間コンクリートから仕上げ材が毛細管現象[*2] により水分を吸い上げたことによる塗膜・爆裂。

対策 現場 A
上記１～３の凍害原因に応じた対策は次の通り。

1. 気温が 5℃以下だと塗装材料に期待される化学反応が起きないため、耐水・防汚・防藻機能が得られないので、施工は避ける。
2. 背面に土がある（土留め）場合は、防水シートなど水の浸入を防ぐ対策が必要。
3. 設計段階で、床面から 100 ～ 300mm 程度、水分を吸い上げない素材での巾木を設けることが理想的である。

原因 現場 B カビ・苔は適度な水分・温度などの環境条件が揃えば、どこにでも発生する可能性がある。低気温時の施工により、塗装材料に期待される化学反応が起きずにカビが発生した。また、塀が湿潤した環境下にあることも原因であると考えられる。

対策 現場 B 抗菌作用のある塗料を使用する。ただし、完全に防止することは難しいので、定期的に水洗いか中性洗剤などにより洗浄することが必要である。

*1 防カビ・防藻機能を持った塗料は、カビや苔のもととなる菌の繁殖を抑制する成分や、微生物の増殖を抑える成分を混ぜることによって、防カビ・防藻機能を発揮する。耐用年数は 10 年程度だが、完全に滅菌するわけではない。また、外壁塗装に使われる塗料にはすでに防カビ・防藻機能も持っているものも多い。

塗料の防カビ性能に関しては、JIS Z 2911 かび抵抗性試験方法によって定められている。

*2 毛管現象ともいう。液体中に細い管（毛細管）を立てると、管内の液面が管外の液面より上がるかまたは下がる事象で、水のように管壁をぬらす場合には上昇する。文中の場合は、仕上げ材が吸い取り紙などのように土間コンクリートの水分を引き上げてしまうこと。

左官・塗装仕上げ 汚れ・雨だれ・変色

経年による変化を遅らせるような工夫を

どのような事象？

　汚れは、土、砂埃、ばい煙などが仕上げ材表面の凹凸部などに付着し、雨水などで流された際に雨だれとなって現れる。また、環境によってはカビや苔が発生することもある。変色は、経年による顔料の紫外線劣化などが原因の退色がある。施工中あるいは完成直後に変色した場合は、下地の乾燥不足や完成後の養生不足による白華の発生が原因と考えられる。

　現在は親水性塗膜を生成することで、水とともに汚れが流れ落ちやすい製品も発売されているが[*1]、過去の製品や、まだ改良の加えられていない製品などは、親水性塗膜のあるものに比べ、表面の汚れが早期に現れやすい。また、親水性塗膜のあるものも、経年によって徐々に汚れが現れてくる。

事象例の原因と対策

原因 **現場A**　時間の経過とともに外部の熱、雨水、紫外線などにより塗膜に汚れや劣化が生じる。ばい煙による汚れや砂埃の付着については、塀の設置されている場所の環境（幹線道路沿い、田畑に囲まれているなど）に左右されやすい。

対策 **現場A**　笠木タイルなどは目地とともに少なくても10mm以上壁面から張り出すようにして、なおかつ水切りのよい形状に仕上げる。笠木に煉瓦を使用する場合は、下部に溝掘りを作成したり、煉瓦に撥水剤を塗布するなどの工夫が必要となる。

原因 **現場B**　天端部分までくし引き仕上げを施したことによって天端部に汚れが溜まり、汚れが雨水で流れて、塀の上部に垂れた。

対策 **現場B**　外部における横方向のくし引き仕上げは、汚れが停滞しやすくなるので注意が必要。汚れが停滞しにくくなるように、天端はくし引き仕上げにしないで傾斜を付けるか、あるいは笠木を取り付けるなどの対策を講じる。

備考 ここで具体的な事象を紹介していないが、変色・退色した場合の対策は以下の通り。

● 塗膜表面の強度がなくなっているものは、下地まで剥がして塗り替える。

● 塗膜表面の強度があるものは、既設仕上げ面に上塗りが可能な材料を使用してもよい。ただし、補修材やシーラーなどをいったん塗布してから、仕上げ材を上塗りする工程になるものがほとんどである。

＊1　親水性とは撥水性の反対語で、表面に付着した水分が水滴にならずに、薄く広がって水の膜をつくる状態になること。この水の膜が外壁に付着した汚れを浮かし、雨水と一緒に流れて汚れを落とす。塗料の耐用年数と同じ期間、効果を持続することができる。親水性を引き起こす材料としては一般に、光触媒（酸化チタン）、シリカなどが用いられることが多い。

タイル仕上げ 白華・変色

下地への雨水浸入を防ぐ

どのような事象？

　外装タイルの汚れには、白華や油膜事象、埃、排気ガス、ばい煙などの汚れの付着が原因のものに分かれる。白華は、下地や目地のモルタル、コンクリートの硬化にともなって発生する水酸化カルシウムによるもので（白華の生成過程については事象 01［p.38 参照］）、希塩酸による洗浄で除去できる。油膜事象は、光の干渉によって塗膜のような虹色がタイル表面に張り付いて見えることで、セメントや大気中に含まれる無水ケイ酸、炭酸塩、硫酸塩がタイル表面に付着し、固定化した汚れである。この内、炭酸塩と硫酸塩は水洗いや希塩酸による洗浄で除去できるが、無水ケイ酸の除去は困難なことが多い。

事象例の原因と対策

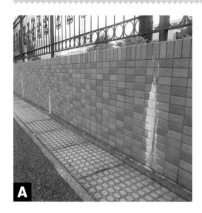

A

原因 現場 A　塀の上に建てられたフェンスの柱部分より雨水が浸入して、タイル表面に流出した後、乾燥後に白華事象が発生した。フェンス柱の施工時、柱周りのモルタルの収縮によって隙間ができてしまい、そこから水分が浸入したと思われる。

対策 現場 A　フェンス柱の取付け根元部分の隙間にシーリング処理を施し、水分の浸入を抑える。発生してしまった白華は、ブラシや薬品などで除去した後に、撥水剤塗布などの処理を施す。

B

原因 現場 B　写真右上の集合メーターボックスを取り付けた横筋用のブロック塀の中を雨水などの水分が流れ、目地部分のひび割れなどから白華成分とともに水分が外部に流出、その後の乾燥によって白華事象が発生した。横筋用ブロックのモルタル充填不足が原因である。

対策 現場 B　集合メーターボックス内から横筋用ブロック内に水分が浸入しないように、防水モルタルで接続部をふさぐか、シーリング処理をして水分の浸入を防ぐ。発生してしまった白華は、ブラシや薬品などで除去後、撥水剤塗布などの処理を施す。

C

原因 現場 C　油膜や塗膜が付着しているか、タイル表面の釉薬が風雨によって剥がれ落ちた場合に見られる変色事象。一般に塀下部のタイルは、雨水の跳ね上がりなどにより、汚れや釉薬の剥がれがよく見られる。

対策 現場 C　施工後に現れた場合は、希塩酸などで水洗いをして、乾燥後に撥水剤などを塗布する。施工時における対策は撥水剤塗布を行い、表面に汚れが付着しないような対策を施す。

〈参考／防汚タイル〉

　光触媒コーティングや電荷移動型酸化還元触媒などをタイル表面に施して汚れを分解し、親水性を持たせて汚れを雨水で流れ落とすセルフクリーニング（防汚）機能を持ったタイルなども、各メーカーが独自に開発している。

タイル仕上げ ひび割れ

素地または下地の温度変化による膨張と収縮の影響

どのような事象？

　タイルひび割れ事象の原因の一つとして、日射と放射冷却による温度変化によって下地モルタルやコンクリートの膨張と収縮を繰り返すことや、乾燥収縮など素地の熱膨張と収縮に追随できなくなることが考えられる。また、基礎の沈下や地震などによる下地の変形も原因となる。

　タイルのひび割れを放置すると、タイルの剥離・剥落だけでなく、割れた部分からの雨水浸入により、下地に挿入された鉄筋の腐食、浸透水の凍結膨張などにより被害が大きくなるため、早急に補修する必要がある。

事象例の原因と対策

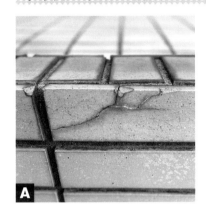

A

B

〈参考／タイルの浮き〉

　日射と放射冷却による温度変化で起こる素地の熱膨張と収縮を繰り返した結果、タイルの密着力が低下すると、下地とタイルの間に隙間が生じて浮いてしまう。その他、下地自体の変形や歪みによっても密着力が低下する。対策は、ひび割れと同様だが、工法に応じた接着力を確保する。

原因 **現場 A**　日射と放射冷却による素地の熱膨張と収縮に追随できなくなることによるタイル割れ。また、長期放置による浸入水の凍結膨張なども併せて発生していると想定される。

対策 **現場 A**　天面部分の仕上げが、水分が滞留・侵入しやすい状態になっているので、タイル目地を埋める、屏風曲がりのタイルを使用する、笠木を設けるなどの対策を施す。また、一般的な事前対策としては以下に注意する。

〈適切なタイルの選択〉

- 吸水性の低い外壁用タイルを選択。
- 床用タイルを外壁に使うなどが散見されるが、外壁用タイルを使用する。

〈適切な施工〉

- 下地表面の粗面処理を行う（下地 MCR 工法、高圧水洗浄処理）。
- 下地誘発目地とタイル目地を同一箇所にする。
- 伸縮目地を設ける（10m^2 以内かつ3～4mごと）。
- タイル裏足への不純物付着、プライマーの不適切使用など圧着不良を起こさないように留意する。

原因 **現場B**　フェンス柱の下のタイル表面が縦にひび割れを起こしている事象。原因として考えられるのは、塀躯体がコンクリートブロック造と考えられ、フェンスの柱をブロック塀の接続部である縦目地の部分に設置していることが原因になっている。B の現場はフェンス柱埋め込み箇所全てで発生している。

対策 **現場B**　塀躯体をコンクリートブロック造でつくる場合、縦目地部分は鉄筋配筋部や接続部であることから、フェンスの柱を設置することは絶対に行ってはならない（建築基準法でも定めている）。基本ブロックなどを使用して、中心の空洞部にフェンスの柱を設置する。

　タイルのひび割れが発生した場合は、ひび割れたタイルを取り外して下地への影響を確認し、必要な下地の補修を行った後に新しいタイルを張り付ける。被害が大きい場合は、ひび割れたタイルの周り、または全体のタイルをテストハンマーで打診し、浮きのあるタイルを剥がして補修する必要がある。

石材仕上げ 大谷石劣化

大事故につながる可能性が高いので特に注意

どのような事象？

　大谷石は栃木県宇都宮市大谷町付近一帯で採掘される軽石凝灰岩で、関東地方などで塀や土留め擁壁によく使われている。地下から採石されるので石自体も水分を含んでおり、地上で使用すると表面が乾燥して風化や目地割れを起こす。また、苔やカビが繁茂しやすい素材である。

　大谷石積みの壁は自然石積みの組積構造であるため、内部に鉄筋などが配筋されていないことが多い（「かすがい」と呼ばれる鉄のくさびを使用していることもある）。したがって、耐力不足から地震などの災害により転倒や倒壊などを起こした例もある。石は重いため、大きな事故につながる可能性が高い。

事象例の原因と対策

A

B

〈参考／石積み塀の構造〉

　大谷石などの石積み塀についての構造・仕様は、煉瓦塀と同様に建築基準法施行令第61条（組積造のへい）に規定されている。内容は表1-15（p.16）を参照。

原因 **現場A**　組積造の大谷石塀。雨水などによる水分が壁頂部分から浸入して大谷石内部に滞留し、凍結や融解を繰り返したり、水分の滞留と乾燥を繰り返した結果、表面が剥がれてしまったと考えられる。下部の大谷石の劣化は、基礎コンクリートにより水分が抜けない状態になり、水分が滞留したことが原因だと考えられる。

　なお、石自体は脆いため、基礎などに使うことは危険である。

対策 **現場A**　笠木の設置が必要である。壁頂からの水分の浸入を防ぐ対策をして、大谷石を使用する必要がある。表面の劣化は大谷石自体では防ぐことはできないので、表面に防水処理などの対策を施す。

原因 **現場B**　宅地土留め、あるいは、塀の基礎として大谷石を使用している例が多い。そのような場合、特に埋め込み部の地盤面から上の部分は、道路からの水分浸入や、跳ね上げなどによる水分で、湿った状態と乾燥を繰り返しているので、表面劣化（風化）が発生しやすくなる。重量のある素材なので、下部が劣化することは大変危険である。

対策 **現場B**　新規の塀の構築に際して大谷石を使用する場合は、基礎部分はコンクリートで立ち上げ、大谷石の最下部には水抜きなどの対策を施す必要がある。土留めになる場合は、土と接する場所には防水シートや防水モルタルを使用し、土中の水分が大谷石内に浸入しないようにする防水対策が必要になる。

対策 **現場A、B共通**　大谷石の劣化事象が起こった場合は、劣化した大谷石を新しいものと交換することになり、その場合、積み直しの工事が必要になる。下段の大谷石が劣化した場合はその上段も外す必要があるので大規模な工事となってしまう。軽微な劣化なら、ワイヤーブラシや高圧水で洗浄後、大谷石粉モルタルなどの専用補修材などで部分補修を行うこともあるが、構造上の安全性に注意して工法を選択する必要がある。

樹脂 フェンスの伸縮

木粉配合樹脂は気温・湿度と風にも注意

どのような事象?

　樹脂フェンスなどの製品が、近年多くの場所で使用されてきている。その多くは、木材とプラスチック再生複合材を合わせた木粉配合樹脂[*1]を使用しており、吸水率が低く、経年変化もしにくいので、表面は均一な仕上がりを長く保つことができる。自然素材と違って、虫害などを受けることもない。ただ、木材を含んだ樹脂素材であるため温度や湿度により伸縮する。気温が大きく変化するような場所に設置する場合は注意が必要であり、その伸縮性も考慮した施工が求められる。

事象例の原因と対策

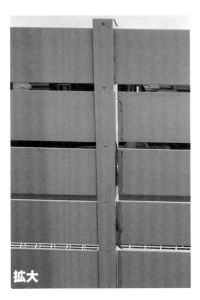

拡大

原因　木粉配合樹脂には伸縮性がある。製品によって異なるが、おおよそ長さ1mに対して5mm程度の伸縮が見込まれる。写真の現場は、柱ピッチが約1,000mmで、長さ2,000mmの横板をつなげて施工しているが、伸縮が大きい場所では約10mmも伸びている。連結材の中で横板を納める仕様だが、伸縮を考慮していなかったため、連結材から一部の横板が外れてしまっている。

　また、板厚が薄いと、側面からの風圧に対して大きく湾曲することがある。メーカーなどの施工基準通りに柱ピッチを確保していない場合には、風の影響による変形も生じる。

対策　素材が木材を含むこと、樹脂であることを理解して、温度や湿度における伸縮を考慮して施工し、伸縮によってフェンスが抜け落ちることがないように注意する必要がある。また、風の影響を大きく受けやすい場所での施工についても、同様の注意が必要となってくる。

　実際にこうした事象が発生してしまった場合の対策については、柱ピッチの変更などにより、板が抜け落ちない寸法をあらかじめ連結材の内部に含めておく必要がある。

*1　木粉配合樹脂は木材・プラスチック複合材(Wood Plastic Composite 略称WPC)と一般に呼ばれ、木質材の充填率によって、Type Ⅰ～Ⅲに分類されている。このうちエクステリアで使用されるのは木質材充填率が30%以上70%未満のType Ⅱ(中充填ウッドプラスチック)であり、木質材の充填率範囲が広いので、充填率によって、加工性を要する建材用途から耐久性を有する屋外用途まで広く利用されている。使用する樹脂もポリエチレン、ポリプロピレン、ABS樹脂などの種類があり、木質材との配合比率によって性質が変わってくる。

　プラスチックの配合率が大きいと熱による伸び縮みが発生しやすくなる。一方、木質材の配合率が大きいと吸水による変化が大きくなる。ただし、どちらもそれ単体の時より動きは小さい。

(参考文献:日本木材加工技術協会木材・プラスチック複合材部会「ウッドプラスチックのしおり」)

その他 万年塀劣化

有効な補修方法はないので、施工時の対策が全て

どのような事象？

　万年塀（万代塀）はコンクリート製のフェンス素材で、JIS A 5409 鉄筋コンクリート組立塀構成材として製品基準が制定されている。施工は、柱の溝にコンクリート塀板を挟み、モルタルで固定するが、法律や学術団体・業界団体などによる施工基準はない。笠木は柱に載せ、細い鉄線をモルタルで固定している。

　劣化事象としては、地盤の沈下やゆがみなどによって目地割れや、板塀のひび割れなどが発生する。さらに、柱の基礎埋め込み部分をコンクリートなどで根巻きしない場合は、柱自体が傾き、板が外れたり、笠木が落下することもある。塀板は 30mm のため、側面からの圧力には弱い。

事象例の原因と対策

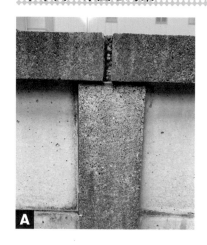

原因 **現場A**　柱の基礎根巻きが不足しているか、柱埋め込みが不足しているために沈下を起こしたことが原因で、笠木のズレが生じた状況。塀板も自重によって下がり、目地割れも起こしている。

対策 **現場A**　施工時に JIS 規格にある埋め込み寸法の 530mm を守り、柱のコンクリート根巻きを施す。また、柱は 1 本おきに控え柱を使用する。高さが 2.1m を超える場合は、全ての柱を控え付き柱にする必要がある。

原因 **現場B**　外部からの圧力（樹木・土圧・車両接触など）を受けて塀板に亀裂が入っている状況。塀板には鉄線が入っているものの、板厚 30mm なので側面からの力には弱い。地震などによりひび割れを起こした例も少なくない。

対策 **現場B**　側面からの力に弱いので、土留めに使用したり、大きな植物を近くに配置することは避けたい。

原因 **現場C**　Aの現場のように柱の施工強度が弱い場合や、塀板の地盤接地面が弱い（軟弱）場合には、塀板が自重で下がり、塀板目地に亀裂や隙間ができる。柱差し込み目地にも亀裂や割れが発生する。

対策 **現場C**　施工時に、塀板の下にモルタルやコンクリートを施し、板の自重で塀板が下がらないような強度補強を行う。

対策 **現場A、B、C共通**　万年塀の劣化事象が起こった場合は、劣化した部分の柱間を新しいものに交換する必要がある。その際には、上記対策を考慮して安全性を確保する。

第3章　床で起こる事象

　エクステリアのクレームで一番多いのは、床に関する事象である。

　インターロッキングブロックなどの煉瓦であれば部分的な補修が可能な場合があるが、床の仕様で一番多いコンクリートの一発仕上げについては、部分的に補修すると見栄えが悪くなるため、全面を解体してやり直すケースも多い。全面をやり変えるような工事は施工会社の利益を圧迫するだけでなく、解体に関わる施主（発注者）の精神的な負担も大きいため、極力避けたいところである。

　床に関するクレームを防ぐには、転圧や養生など施工上の品質管理が重要であることが多い。品質管理を含めて、本章では床の計画・施工上の留意点について、基本的な事柄をまとめた。

インターロッキングブロック等 白華

常に水分を含んだ路盤に接しているので水勾配を取る

どのような事象？

　インターロッキングブロックおよびコンクリート平板の白華もコンクリートブロックと同様（事象01 [p.38参照]）、白い綿状の物質が表面に吹き出た事象をいう。しかし、コンクリートブロックと根本的に違うところは、常に水分を含んでいる路盤に面した場所に敷設することであり、発生する確率も高くなる。発生原因は、製造時の養生不足によるものと、施工時のサンドクッションに使用するバサモルタル（カラ練りモルタル）によるものが考えられる。製造時に関する対策は、インターロッキングブロック成形後、セメントが硬化安定するまで十分に養生することが基本となる。施工上の対策としては、砕石地業を設計通りに施し、水勾配を必ず取って雨水の水はけをよくすることが肝要である。

事象例の原因と対応

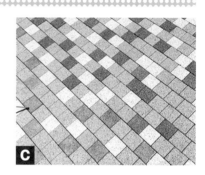

原因　現場A　コンクリート平板の敷設において、砂の替わりにバサモルタル（カラ練りモルタル）を使用した現場である。バサモルタルをサンドクッションの替わりに使用し、平坦に均したところで平板を敷設した。その後、セメントが硬化して安定する前に、雨水などの浸入によって平板自体が白華成分を本体に吸収。その後の水分の蒸発とともに、平板表面に白華として発生した現場である。

対策　現場A　白華成分が硬化する前に水洗いをして落とすか、白華除去剤を使用して落とす方法がある。ただ、バサモルタルを使用した場合は、モルタルが凝結安定するまでは敷き材がセメントペーストを吸収し続けるので、白華が何度か出続けることが予想される。バサモルタルを砂に変える全面改修か、セメントの安定を待つしか方法はない。

原因　現場B　インターロッキングブロックの白華が、植栽植え込みの境界部に集中していることから、ブロック本体が常時含水状態になっており、水分の蒸発とともに白華成分がインターロッキングブロックの表面に露出したと想定される。

対策　現場B　植栽に近い場所での白華は常時湿潤状態にあるため、敷き材のセメントが硬化安定するまで待つしかない。

原因　現場C　写真左下と右上の製品は同一であるにもかかわらず、色が異なって見える。左下の部分が白華していることが原因であり、濃いグレーの色の差が大きい。これは施工後の白華ではなく、施工以前に白華が起きている製品を施工したことによるものと想定できる。白華の発生時期は定かではないが、製造後に屋外保管で雨水に当たり、養生が遅れて工場内で白華が発生した場合と、工場から出荷後にどこかの場所で長期保管され、白華が発生した場合が考えられる。

対策　現場C　施工時点での白華色違いは荷受け時にチェックし、施工前の製品交換が適切であろう。同時に、荷受けした後、施工までの期間があく場合は、ビニールシートなどで製品を養生することが望ましい。

インターロッキングブロック等 表層剥離・欠損

寒冷地での透水性・保水性製品の使用には特に注意する

どのような事象？

インターロッキングブロックは、一般的に表層部と基層部の二重構造で製造されている。表層部はカラーやテクスチャーを含めて化粧の意味合いが強く、基層部は強度を求められる構造的な部分であり、その二層が製造時に圧着プレスされて一体に成形される。剥離とは、基層部と表層部の接合部分が何らかの原因で剥がれ落ちる事象である。普通インターロッキングブロックの剥離は少なく、透水性インターロッキングブロックの方が高い傾向にあるが、発生度合いはさほど多くはない。寒冷地以外で発生する場合は、製造不良の可能性も否定できない。

事象例の原因と対応

原因 現場A 発生した地区が寒冷地であることから、インターロッキングブロック表層部から浸入した雨水が内部に滞留してしまい、気温の低下とともに凍結して膨張し、強度の劣る透水性インターロッキングブロックの表層部分を破壊し始めた事象と想像できる。

原因 現場B 寒冷地以外で起こった表層剥離。都市ゴミの溶融スラグが表層材に使用されており、その中のアルミ成分が水酸化カルシウムに反応して膨張し、基層部分と剥離した。品質改善処理が行われていない溶融スラグを原料とした製造ミスと判断される。

原因 現場C 表層材が劣化した事象である。透水性インターロッキングブロックは雨水を地中内に透過させるため、表層材・基層材ともに空隙率が大きく、骨材同士の接合面積が小さい。そのため普通インターロッキングブロックよりも圧縮強度・曲げ強度ともに低い。寒冷地に弱く、耐久年数[1]も普通インターロッキングブロックよりは短い。

対策 現場A、B、C共通 表層剥離の補修は困難であるため、正規品でのやり直し工事が必要となる。寒冷地であれば、透水性・保水性インターロッキングブロックの使用はできるだけ控え、普通インターロッキングブロックの採用が適当である[2]。

[1] インターロッキングブロックの正式な耐久年数は表示されていないが、過去にセメントメーカーが全国で40年を経過したインターロッキングブロックの施工現場を調査したところ、強度面の瑕疵は確認できなかった。写真の現場は寒冷地での凍結融解の可能性もある。
[2] 昨今、局地的豪雨が各地を襲い、下水道が溢れ、河川の氾濫や土砂崩れなどの天災が多発している。これは地球温暖化による異常気候、森林の伐採などの開発が進んだことによるともいえ、ある意味では人災と捉えるべきものだが、その対策においては、雨水の地中浸透を目指した透水性の敷き材が普及している。ただ、その必要性の低い場所や寒冷地など、あまり使うべきではない所でも採用されていることが多々見られ、想定しえない問題が発生していることから、今後は適切な製品の選択が必要と考えられる。

コンクリート造 白華

低気温での施工と、施工後の水溜まりに気をつける

どのような事象？

　白華とは、コンクリート中の水酸化カルシウム $Ca(OH)_2$ が、浸入した雨水などに溶けて表面に露出し、空気中の二酸化炭素などと反応し、炭酸カルシウムになる現象のことである（白華発生の詳細は事象01 [p.38] 参照）。床部分に発生する白華は、①低気温でのコンクリートの硬化不良など施工時の環境に起因するもの②施工後の水溜まりなど施工品質に起因するもの——がある。また、一次白華[*1] が多い傾向にあり、酸で除去することで改善する例が多い。

床で起こる事象

事象例の原因と対応

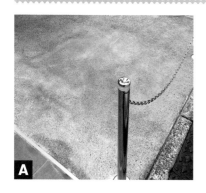

原因 **現場A**　コンクリート直洗い出し（一発洗い出し）の現場で、土間の凹みのある部分に水が溜まり、白華事象を発生したと推定される。直洗い出しの場合は、コンクリートが硬化する前に表面を水で洗い流すため、白華を誘発する。

対策 **現場A**　コンクリートの表面を洗い出す際に、表面に凹凸をつけないように施工し、水が溜まらないようにすることが重要である。特に気温の低い時期は白華を発生しやすいので、細心の注意を必要とする。

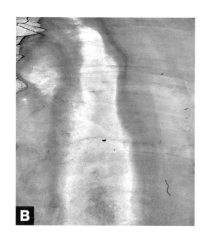

原因 **現場B**　冬場に土間コンクリートを打設した後、白華事象が起きた現場である。施工後1週間ほどでコンクリート表面に綿状の白い粉が発生し、数日で大きくなった。原因は特定できないが、施工後の水分の供給（降雨、夜露など）が考えられる。

対策 **現場B**　コンクリート打設後のシート養生が効果的である。コンクリート面とシートとの間に空間をつくり、コンクリートを保温養生するわけであるが、駐車場2台分、3台分のコンクリート土間を一度に養生することは困難であるため、土間を数回に分けて打設するなど、施工計画を検討する必要がある。冬場にシート養生を行うとシート内に結露水が発生するので、結露水が土間に落ちないような配慮も必要となる。

＊1　一次白華はコンクリートが硬化する過程で、水酸化カルシウムとコンクリート中の余剰水が反応して発生したもの。広範囲に渡って発生することが多い。二次白華はコンクリートが硬化した後、地中や雨水など外部からの水分が浸入して水酸化カルシウムと反応し、表面に染み出して乾燥したもの。クラック部分など水の移動を伴うような部分に、局所的に発生することが多い。

備考　コンクリート打設時の気温は4℃以上とし、それ以下の場合は打設中～完了後の保温養生をすることが重要。特にコンクリート土間は外気にさらされるので注意が必要である。

対策 **現場A、B共通**　発生した白華の除去方法は、ブラシなどを使い、水または白華除去剤で除去する。

コンクリート造 ひび割れ

乾燥収縮対策は、単位水量を小さくして抑制、伸縮目地などで制御

どのような事象？

硬化したコンクリートまたはモルタルに生じた割れ目をひび割れ、あるいは、亀裂、クラックと呼ぶ。コンクリート構造物に発生するひび割れは、内部鉄筋の腐食による耐久性の低下、水密性の機能低下、美観が損なわれるなどの原因となる。したがって、適切な方法でひび割れの発生を抑制あるいは制御することにより、構造物の機能、耐久性、美観、その他の使用目的を損なわないよう注意しなければならない。ここでは、躯体基礎の隅角部から発生したヘアークラック[*1]の事象への対策を述べる。

*1　幅0.3mm未満の比較的軽微なひび割れ。

事象例の原因と対応

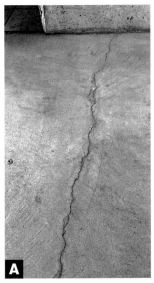

A

B

原因　**現場 A、B 共通**　セメントゲル細孔中の水分の蒸発に伴って、セメントペースト部分が収縮（乾燥収縮）する。この自由収縮が、基礎や桝などによって拘束されることにより引張応力を生じ、乾燥収縮ひび割れが発生する。

乾燥収縮の大きさは、使用材料、配合、部材寸法、環境条件などによっても異なるが、一般に単位水量が多いほど、部材の暴露面積が大きいほど、また、環境条件の相対湿度が低いほど、乾燥収縮は大きくなり、その自由収縮に対する拘束度が大きいほど、ひび割れが発生しやすくなる。温度変化による収縮も考えられる。

対策　**現場 A、B 共通**　乾燥収縮によるひび割れの抑制・制御方法と補修方法については、それぞれ以下の通り。

〈抑制・制御方法〉JASS 5 では、単位水量の上限値（185kg/m^3）を定めている。乾燥収縮を小さくするには、できるだけ小さな単位水量とすることが望ましい。混和剤により単位水量を減少させた場合には、逆に初期の乾燥収縮が大きくなることもあるので注意が必要である。

下地コンクリートや砕石路盤、せき板などへの水湿しや養生などで初期の乾燥を防ぎ、自由収縮の拘束による引張応力を発生させにくいように、拘束される部分にスリット目地、伸縮目地などでひび割れを発生させる力を逃がす。長手方向とほぼ垂直に、等間隔で規則性のある直線状の貫通ひび割れにも、伸縮目地などへ誘発させる工夫が必要。伸縮目地は一般的に20m^{2}に1カ所、もしくは3m間隔に配置するのが望ましい。

〈補修方法〉美観や長期耐久性を確保するための補修は、規模や程度をどのように決めるかが重要な課題となる。

表面処理工法は、ひび割れに沿ってコンクリートの表面に皮膜を設ける方法で、ひび割れの動きが大きい場合には、ポリウレタン・シリコン系などの材料が用いられ、動きが少ない場合は、セメントモルタル・エポキシ系などの材料が用いられる。

充填工法は、ひび割れに沿ってVまたはU字形にはつり、充填材を詰めて補修する。表面処理工法では、耐摩耗性や耐食性の面で不十分と考えられる場合に用いられる。材料は表面処理工法と同等。一般にセメント系材料を充填する場合には、U字形を用いた方が剥離しにくい。

コンクリート造 色むら

強度に影響はないが、美観上からクレームになることも

どのような事象?

　コンクリート表面にグレーの色調で、その濃淡の差が部分的に識別できるような色むらが生じる。原因は様々であり、特定することは難しいが、気温の低い冬期や雨天時に多く発生する傾向がある。圧縮強度などコンクリートの性能には影響しないが、美観上から対応を求められるケースが多い。しかし、薄塗り材でオーバーレイする補修方法だと、車道の場合は剥がれてしまう。最終的に解体することになれば、大きな損金が発生する。時間の経過とともに消えていく色むらもあるが、稀である。

事象例の原因と対応

原因　現場A　断定はできないが、路床、路盤の透水性が悪く、不均一なために発生した色むらだと推定される。冬場のコンクリート土間中の水分は、表面に浮いてくるまでの時間が長く、さらに、路床、路盤への浸透が悪いとさらに長く、不均一となる。コンクリート土間中を上昇してくる水分はセメント成分を多く含み、表面に露出すると色が濃くでる傾向があり、その量がまばらだと色むらになる。

対策　現場A　路床、路盤の排水性を確保し、かつ均一にすることで大きな改善が期待できる。具体的には路盤の砕石層を均一の厚みで施工し、路床の排水性が悪い場合は、砕石層を厚くする。またシートによる保温養生(事象22[p.60]現場Bの対策を参照)も効果的である。

原因　現場B　現場Aと同様の原因だと推定できるが、右半分の土間と左半分の土間は施工日が異なり、天候、気温も相違したのではないかと推定される。さらに、左側の土間は建物の影となるため、気温が低く、色むら発生を誘発したと考えられる。

対策　現場B　現場Aの対策に加え、建物の影が時間帯によって避けられるのであれば、打設の時間帯を考慮することも重要である。

＊1　コンクリートの初期凍害を防止する目的の混和剤。耐寒促進剤とも呼ぶ。水は0℃で凍り始めるが、一般的なコンクリート中の水はセメントの成分などが含まれているためにおよそ−1℃で凍るとされる。そこで、塩化カルシウムや塩化ナトリウムを主成分として構成され、コンクリート中の水分に溶解してコンクリートの凍結温度を低下させる。ただし、塩化物が長期強度の発現に影響したり、鉄筋コンクリート中の鉄筋を劣化させる可能性があるため、現在では無塩化タイプ、亜硝酸カルシウムや硝酸カルシウムのタイプが主流となっている。

備考　上記の現場A、現場Bは施工に関連するコンクリートの色むらであるが、塩化カルシウム系＊1の防凍剤を混入した場合も色むらを発生するケースがあるので注意する。また、地盤によっては、掘削するだけで路床、路盤部分に水が上がってくるケースがある。この場合は、砕石層を厚くしても排水性は改善されないので、インターロッキングブロックや透水性コンクリートなどのコンクリート土間以外の仕上げも検討した方がよい。

煉瓦造 破損・破裂

通行状況に合わせた材料と工法の選択を

どのような事象？

　煉瓦は表面の強度が高くなっている素材もあり、硬くなれば、ガラスのように表面に受ける負荷や衝撃によって破損事象が発生することも少なくない。また、煉瓦の内部や表面に水分を吸収した場合は、凍結による水分の膨張[*1]で空隙内に圧力がかかり、表面が剥離したり、煉瓦そのものが破裂することもある。

＊1　水分は膨張すると約9％体積が増える。事象04の＊1（p.41）や事象10（p.47）も参照。

事象例の原因と対応

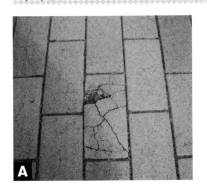

原因 **現場A**　吸い込んだ水分の凍結膨張による破裂と考えられる。床の一部に滞留した雨水などの水分が煉瓦内部に浸入して、凍結時に水分が膨張したことが原因。写真を見ると1枚は大きく破裂しているが、周りの煉瓦もひび割れや小さな破裂を起こしている。

対策 **現場A**　吸水性の高い煉瓦は、寒冷地での採用をひかえる。また、煉瓦で床舗装仕上げをする場合は通常、床勾配を確保して、床に雨水などの水分を滞留させないことが必要である。

原因 **現場B**　車両も通る通路の煉瓦舗装で、下地にコンクリート舗装を施し、その上に煉瓦舗装を仕上げた現場。コンクリート下地のサンドクッションが10mm程度だったために、車両通行時に煉瓦とコンクリートが直接触れることが原因となって破損を起こした。

対策 **現場B**　コンクリート下地上に20～30mmのサンドクッションを施す（p.17参照）。あるいは、下地をアスファルト舗装にすればクッション性が向上して割れにくくなる。煉瓦も車両通行に適した厚みのあるものを使用する。

対策 **現場A、B共通**
破損した煉瓦の交換方法は以下①～⑤の手順で行う。
①破損した煉瓦を抜き取り、クッション砂を撤去する。
　（現場Bの場合は、補修箇所の煉瓦を抜き取る）
②必要に応じて路床や路盤を補修する。
③クッション砂を新たに敷き均し、新しい煉瓦を所定の敷設パターンに合わせて敷設する。
　（現場Bの場合は、破損していない煉瓦は再利用するが、煉瓦の側面や裏面に付いた砂をよくかき落としておく）
④転圧と目地詰めを行う（一次転圧→目地詰め→二次転圧・目地詰め）。
⑤段差や平坦性の不良、目地砂の充填不足がないか検査する。

〈参考／その他の煉瓦の破損〉

　本事象で取り上げた煉瓦自体の破損の他にも、煉瓦舗装全体としては、車両通行跡などのわだち掘れ、平坦性の低下（段差、局部沈下、不陸）、煉瓦の水平移動、目地の広がり、目地砂の消失とクッション砂の固結による"カタカタ現象"などがある。沈下や不陸は強度低下に起因する破損であり、路床・路盤まで破損がおよぶことが多い。

アスファルト 沈下・隆起

入念に十分な転圧を施す

どのような事象？

　舗装面の沈下と隆起はアスファルト舗装施工後によく見られる。一定時間が経過するとこの事象が発生して、歩行や車の走行に障害をもたらす。一般的には舗装下地の砕石層の不陸などで片付けられてしまいがちだが、原因を解明して復旧しないと再度起こる可能性がある。ここでは、特に桝周りの沈下にスポットを当ててみる。一度掘削した場所、特に深さがある掘削の埋め戻しは、入念な転圧をしても沈下する事象が多発している。擁壁際・給排水管・桝周りは別々の業者が施工することが多く、責任の所在でもめることがあるので、注意が必要となる。3つの現場と事前対策をまとめた。

事象例の原因と対応

原因　現場A　沈下した部分が給排水管および桝の埋設周りに集中しており、明らかに転圧不足とみられる現場。設備業者による給排水管・桝の埋め戻し不足や、埋め戻し材に空隙を生じさせる異物が入ったか、もしくは凍結膨張した土を埋め戻したことなどに起因し、転圧の不足を生じさせた。

対策　現場A　擁壁際や設備周りの埋め戻しは、施工した業者の責任において、しっかりと空隙のできないように転圧を施す必要がある。掘削土をそのまま使用せず、地盤改良土で埋め戻し転圧をする。山砂などを使って水極めをし、後工程での地盤沈下を抑制する。擁壁際・給排水管・桝周りへ水極めし、入念に転圧をしなくてはならない。

原因　現場B　大型車両が駐車して荷の積み下ろしをしている現場の事象。大型車両に限らず常に同じ場所へ駐車する車両の下の舗装面では同様の事象が発生する。

対策　現場B　大型車両が駐車するような場所は、アスファルトの厚みを増す。あるいは、下地にコンクリートを施す。

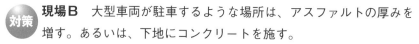

原因　現場C　施工後、時間が経過した後に隆起したアスファルト舗装面。隆起は100mm近くになり、車の走行にも障害を起こしている。原因として多いのは下地砕石の不足や転圧不足。隆起は路盤材に含まれる膨張性のある遊離石灰が安定化処理をされていない場合に、路盤中の水分と反応して表層を隆起させる。二層式舗装の場合、表層の下に残った水分の熱膨張で隆起するブリスタリング事象もある。

対策　現場C　舗装下地の砕石層に転圧を十分に行い、路盤面に異物などがないように確認のうえ舗装する。地盤に改良材を使用するときはエージング（膨張反応物質）反応をさせた安定化処理済み材を使用する。二層式舗装の場合は表層舗装下の水分は十分乾燥させてから行う。路盤の水分が多く含む状態も十分な乾燥養生を行う。いつも湿潤状態の場所は、開粒舗装で水蒸気が抜けるような対策をするのが効果的である。

アスファルト 錆発生・骨材剥がれ・苔

透水性舗装では表面剥離に注意

どのような事象？

　アスファルト混合物中の骨材に硫化鉄や黄鉄鉱などの鉄分を含有する鉱物が含まれる場合、アスファルト舗装の骨材表面のアスファルト皮膜が何らかの原因で損傷し、骨材中の鉄分を含有する鉱物が空気中の酸素や水分により酸化することがある。酸化された鉄分は雨水により流出し、骨材の周囲を鉄錆色に着色する。

　骨材剥がれや石飛びなどの表面剥離は透水性舗装でよく発生する。透水性舗装は、透水をさせるために空隙率を20%確保すると、骨材は点と点で接しているため、通常の非透水の密粒合材の強度と比べれば、強度は落ちてしまう。垂直方向からの応力（車両荷重）には荷重分散などの効果によって高い耐久性があるが、水平方向からの応力（タイヤねじれなど）には弱い（骨材飛散抵抗性が小さい）特徴があるため、表面剥離が発生する。

事象例の原因と対応

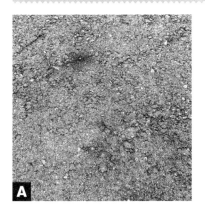

原因　**現場A**　アスファルト舗装の面に小さい穴があき、その周りが茶色または白などに変色した状態になることがある。これを「花咲き現象」とも呼ぶ。アスファルト混合物中にある鉄分を含む一部の骨材が、水分や酸素と反応して錆を発生させた。

対策　**現場A**　施主に錆発生の可能性を伝え、密粒への変更などで錆の発生を抑える。錆の原因となる鉱物を含まない骨材（錆が出ない骨材）で舗装する（石灰岩舗装、自然色アスファルト舗装など）。

備考　施工直後に発生する錆に関しては、日数経過とともに周囲に同化して目立たなくなる。この事象が発生したとしても、アスファルト混合物の性質には全く影響を与えないので、経過観察により状況を確認する。

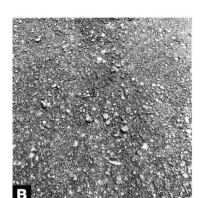

原因　**現場B**　停止させた状態で自動車のハンドルを据え切るなど、非常に強い横方向の力を発生させたことが原因と考えられる。同じ場所で車両の切り返しを繰り返した場合、軽自動車でも表面剥離は起こりやすい。また、冬期など気温が低いときの施工については、合材温度が急激に低下した状況で転圧をすると、骨材の密着ができないため、密粒度アスファルト舗装でも石飛び・骨材剥がれ事象は発生する。

対策　**現場B**　透水性アスファルトの特徴を理解し、狭小地などで自動車のハンドルの据え切りを行う可能性の高い場所へは、非透水の密粒合材に変更するなどの判断が必要である。排水性トップコート工法は、骨材の表面および接点に強力に接着し、骨材の飛散を効果的に抑制できる。

原因　**現場C**　透水性アスファルト舗装は雨水などの水分を染み込ませることで水溜まりなどの事象を軽減できるが、下地路盤の施工が不備であったり、路床が水分を浸み込みにくい場合などは、表層舗装材に水分が溜まり、日当たりの悪い場所では苔やカビの繁茂が発生する。

対策　**現場C**　路床の水はけを考慮した路盤施工を行う。水分が浸透できる路盤の厚さを確保して、場合によっては、路盤を二層で施工する必要も考える。表層部に水分を滞留させない路盤づくりが必要である。

床で起こる事象

タイル仕上げ 白華・汚れ

バサモルタルの使用には十分な注意を

どのような事象？

　白華事象とは、水に溶けだした原因物質が水とともに表面に移動し、二酸化炭素と化学反応を起こして、表面に白い粉として現れることである（詳細は事象01［p.38］参照）。床タイルに発生する白華は、大半がタイル下地のバサモルタル（カラ練りモルタル）に雨水が浸入することにより発生する。

　床タイル仕上げでは、履物に付いている土や埃が付着して汚れになる。汚れが付着した後に雨が降り、汚れた水が乾くことによって、より頑固な黒ズミになる。ただし、床タイルは磁器質や、せっ器質のものが多く[*1]、汚れにくく簡単に洗い流せるので、早めに清掃することで汚れは防げる。

事象例の原因と対応

原因 現場A　タイルの下に敷かれた、高さ調整のためのバサモルタルに水分が供給され、白華を発生していると推定される。下地コンクリートの高さが低く、バサモルタルを厚く敷いているケースで発生しやすい。

対策 現場A　コンクリート下地を正確に打設し、接着剤で直接タイルを張ることにより、白華発生のリスクは大幅に軽減できる。高さを調整する必要がある場合には、バサモルタルを使用することになるが、厚みが最小限で済むように下地のコンクリートを精度良く施工する。また、バサモルタルに水分が供給されないように接着モルタル（セメントペースト）や、目地モルタルをしっかりと施工することも重要である。

原因 現場B　主な原因は現場Aと同様であるが、ベージュ色のタイルと舗石調タイルの間に隙間があり、そこからタイル下のバサモルタルに水分が供給されたものと推定される。

対策 現場B　ベージュ色のタイルと、舗石調のタイルの接点に隙間ができないように、ベージュ色のタイルの下地コンクリート側面にアンカーを打って、舗石調タイルの下地コンクリートと一体化する。逆に、別々に施工するのであれば、最初から隙間をつくり、シーリング材などによる防水を施す。

対策 現場A、B共通　発生した白華の除去方法は、ブラシなどを使い、水または白華除去剤などで除去する。

＊1　タイルの素地には磁器質、せっ器質、陶器質などがあり、旧JIS A 5209：1994では、素地で区分した吸水率を示していた。素地で区分した分類、特徴は表3-1の通り。

表3-1　タイルの素地と特徴

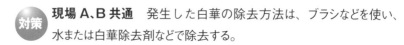

素地	特徴	焼成温度	吸水率
磁器質	素地は透明性があり、緻密で硬く、打てば金属製の清音を発する。破砕面は貝殻状を呈する	1,250度以上	1%以下
せっ器質	磁器のような透明性はないが、焼き締まっていて吸水性が小さい	1,200度前後	5%以下
陶器質	素地は多孔質で吸水性が大きく、叩くと濁音を発する	1,000度以上	22%以下

タイル仕上げ 割れ・欠け

大判タイルでは特に注意、桝周りには対策を

どのような事象？

　一般的に、床タイルの割れは、下地とタイルの接着面における隙間の発生に起因することが多い。特に車両が乗るようなスペースでは、下地強度やタイル自体の耐摩耗性と強度もさることながら、下地・張り付けモルタルとタイルの密着が要求されるため、大判のタイルでは特に注意が必要である。施工法では、セメントペースト張り工法は 200 角以上かつ厚さ 20mm 以上のタイル張り工法のため、薄いタイルには向かないといえる。また、施工場所にも注意が必要。樹木の成長に伴う根の伸長などの地盤変動や、振動が想定される場合は、タイル仕上げとせずに、地盤の変化にある程度追随可能な仕上げ材を選択したほうがよい。

事象例の原因と対応

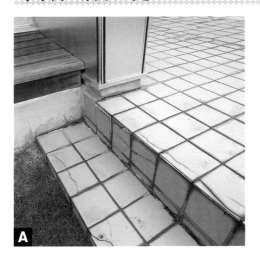

原因　**現場A**　階段部分の下地モルタルを厚くしたために、階段先端部分の強度が不足し、踏圧によって割れが生じた。

対策　**現場A**　階段部分のタイルの張り付けには、下地モルタルを使用せず、圧着できる精度で下地コンクリートを打設する。ブロックを用いた階段の場合においても、しっかりとした基礎をつくり、転圧の効かない踏面は砕石を用いず、コンクリートを充填する。

原因　**現場B**　歩行帯あるいは車両通行帯の床タイルが、ひび割れを起こしている現場。特に桝周りはタイルの加工も多くなり、ひび割れ事象が発生しやすい。桝の中と外で床の動きが違うために、タイルの弱い部分でひび割れが起こる。

対策　**現場B**　タイル床を仕上げる場合には、どうしても桝周りは加工物が入ってしまう。桝を移動できればよいが、不可能な場合も多いので、桝周りに誘発目地材を施工したりする。写真の現場のような場合は、デザインで小さなタイルを使用することも有効な手段である。

対策　**現場A、B共通**　タイルの割れなどが発生した場合は、破損したタイルを張り替える。ひび割れが広範囲に発生している場合は、そこから水分が入ることで他のタイルの剥がれなどを誘発するので、できるだけ早くタイル張り替えなどの補修をすることが重要である。

自然石仕上げ 凹凸・ひび割れ

使用する石の特徴を理解して選ぶ

どのような事象？

　自然石の凹凸・ひび割れを防ぐためには、使用する石の選定が最も重要である。耐候性が高いもの、メンテナンスが楽なもの、滑りにくいものを選択する。また、石の種類によって勾配を決めることも大切であり、凹凸があるものは、より多くの勾配が必要となる。勾配不足により水溜まりができると、冬期に凍って転倒する恐れがあるためである。

　自然石はそれぞれ特性があるため、使用する石の特徴を理解しておくことも重要である。吸水性の高い自然石ほど苔や白華現象が発生しやすい（砂岩など）。スレート（粘板岩）などの積層状の自然石は、雨水の浸入による凍害により表面層が剥がれやすいため、注意が必要である。

事象例の原因と対応

床で起こる事象

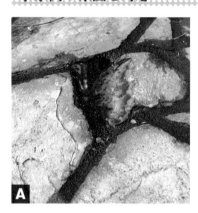

原因 **現場A**　表面に石の凹面を使用したため、水溜まりが発生した。

対策 **現場A**　表面に凹凸のある自然石を計画する場合は、事前にある程度の凹凸ができることを説明する。施工時にはなるべく平滑な部分を使い、凹凸のある部分は割って使用する。

原因 **現場B**　石の表面のヘアークラックの中で水分が凍結膨張し、クラックが拡大したものと推定される。さらにクラックに汚れが入り込み、目立ってきている。

対策 **現場B**　施工時の材料選別で大半は防げるが、天然石の特徴でもあるため、完璧に防ぐことは難しい。選別時に叩いて、音の低い（鈍い）ものは内部に空隙があるので、あらかじめ割く、割るなどを行ってから使用する。

原因 **現場C**　施工不良で発生した石裏の空隙に雨水が浸入し、凍害によるひび割れが起こったと推定される。石材の厚み不足も考えられるが、大半は石裏の空隙によるものが多い。

対策 **現場C**　石の厚みを増すか、角寸法を小さくする。または、空隙ができないように慎重に施工することで、石裏の空隙を防ぐように心がける。

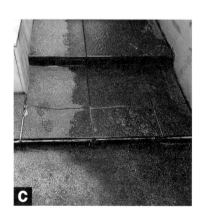

〈参考／クレームになりやすい自然石の張り方〉

四つ目　　通し目地　　八つ巻き　　同大、同形　　同じ模様の
　　　　　　　　　　　　　　　の石が並ぶ　　繰り返し

自然石仕上げ 表層剥離・錆・白華

リスク対策として材料入手の確認を

どのような事象？

　天然石には、層状で層に隙間のあるもの、内部にクラックの入っているもの、鉄分を多く含んでいるものなど、目に見えないリスクが潜んでいることがある。施工時に選別できればよいが、リスクのある石材をそのまま使用してしまうと、剥離、割れ、錆（さび）などを発生する。

　補修の方法は正常な石に張り替えることとなるが、海外からの輸入石材の場合、補修時に材料がないケースが発生することもある。したがって、意匠だけでなく、材料が安定的に入手できるかどうかを計画時に確認することが重要である。

事象例の原因と対応

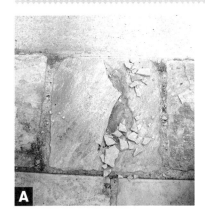 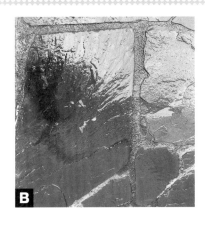 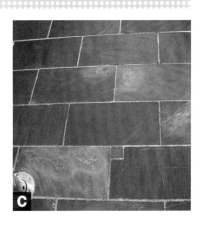

原因　現場A　既に浮いている層のある石を張ってしまい、施工後の踏圧や凍結膨張により薄い層が剥がれた現場。

対策　現場A　施工時の材料選別で大半は防げるが、天然石の特徴でもあるため、完璧に防ぐことは難しい。選別時に叩いて、音の低い（鈍い）物は浮いているかクラックが入っているので使用しないか、割く・割るなどをしてから使用する。

原因　現場B　錆の発生原因である鉄分を含有している石を使ってしまった結果、水分と化学反応を起こして錆が流出した現場。

対策　現場B　錆除去剤で錆を落とすが、錆の発生状況によっては石を張り替える。錆除去剤を使用する場合は、事前に除去剤で石が変色しないか確認しておく。

原因　現場C　天然石の目地を入れた際に、目地のふき取りが不足したことなどにより、目地自体が白華して広がった事象。

対策　現場C　天然石の表面が汚れた場合は、まずは水洗いや高圧洗浄を行う。水洗いや高圧洗浄で除去できない場合は中性洗剤で、中性洗剤でも除去できない場合は、石材用洗浄剤を使用するが、石の種類によっては変色する場合がある。酸やアルカリの洗浄剤を使用する場合は、事前に同じ石でテストを行い、問題のないことを確認してから使用する。

天然木 ひび割れ・腐食・ささくれ

天然木ゆえに起こるが、保護塗料やメンテナンスを

どのような事象？

　天然木材の中でも、ウリン・イペ・ジャラ・イタウバなどのハードウッドに分類される木材は、耐候性や耐虫害性、耐腐朽性に優れているが、硬木のためにデメリットとして"ひび割れ"や"ささくれ"が起きる可能性が大きい。施工性においても専門的な知識がないことで、ビス下地穴からひび割れを発生させることが多くなっている。ハードウッドの特色といえる無塗装で使用できるが、経年で表面にささくれができることも多くなっている。腐食についても耐腐朽性が高く腐食が少ないと思われていたが、使用環境によっては10年を超えると一部に腐食も発生してくる。

事象例の原因と対応

原因 **現場A**　硬質天然木のために、施工時にビス用の下穴をあけ、皿取りを行いビス止めをするが、強めに打ちこんだり下穴サイズが細すぎたりすることで、端部にひび割れが入ってしまった事象。

対策 **現場A**　ビスサイズをきちんと把握して下穴処理をする。皿取りも深めにして、ビスの頭で木材を広げないように注意をする。端部については、ビスの斜め打ちもひび割れ防止に効果的な施工方法といえる。その際は、ビス頭が斜めに出っ張るので皿取りを深めにして、表面より出さない。

原因 **現場B**　木材は腐食しにくいイペ材であるが、数年で腐食が発生した現場。特に、寒暖差が激しい環境で、風当たりが強く、乾燥しやすい地区に集中して腐食は起こる。ウッドデッキや、つり橋の床材などに見られる。

対策 **現場B**　腐食している木材は、ほぼ無塗装の場所に発生していることから、乾燥しやすい地区ではハードウッドも浸透性保護塗料の塗布をしたほうがよい。

原因 **現場C**　硬質木に限ったことではなく、スギのような柔らかい木材でも表面乾燥が激しいとささくれを起こしやすくなる。特に硬質木の無塗装を使用している場合は、年輪が細かいためにささくれが細く、鋭くなることが多い。

対策 **現場C**　写真のような状況になる前に、浸透性保護塗料の塗布や、こまめにサンドペーパーやナイフなどでささくれを取り除くことが必要である。

樹脂デッキ 反り・ひび割れ・変位

人気製品だが、気温や湿度に注意

どのような事象？

　人気のある樹脂系デッキは、近年多く施工されるようになった。樹脂木材、合成木材、人工木材などと呼ばれる多くは、おおむね木粉とプラスチック系材料の配合された天然木材のテクスチャーに近づけた工業製品である。天然木材と比べて表面から吸収する熱量が多く、熱によるひび割れや伸縮を発生する。また、強度も端部においては弱く、ひび割れなどの注意が必要である。

事象例の原因と対応

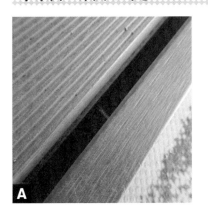

原因 現場A　直射日光により樹脂デッキに熱が溜まり、温度上昇とともに伸びが発生し、床板と幕板との間に隙間ができた現場。樹脂の反りが出てズレを起こし、固定したビスが抜けている。

対策 現場A　樹脂デッキ材は長尺サイズになるほど、伸びや反りが発生しやすい。施工時には、樹脂デッキ材同士を突き付けずにクリアランスを必ず10mm前後取る必要がある。長尺材使用の横張りではなく、短尺使用の縦張り（濡れ縁型）にすることで、材料間の隙間対策もできる。

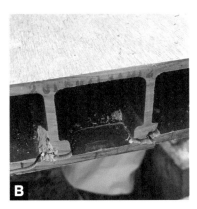

原因 現場B　正面幕板の通路部分に体重による負荷がかかり、幕板欠落を起こした現場。幕板取り付けを樹脂デッキ材本体にビス打ちすることで、素材強度がなくなり、ビス穴から割れてしまっている（現在はメーカーの仕様変更で金具取り付けに変更）。どのような長いビスを使用しても、樹脂デッキ本体に強度がなく、重量に耐えることができない。

対策 現場B　樹脂デッキには強度を期待できないため、幕板や階段などを取り付ける場合は、金具などによる補強が必要になる。起きてしまった場合は、材料交換をする必要がある。

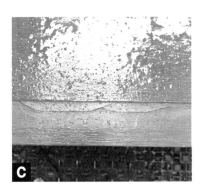

原因 現場C　幕板上部にひび割れを起こした現場。幕板を床板にかぶせている薄い部分に、体重による負荷や気温変化によってひび割れが発生した。主な原因は、幕板が温度変化で膨張し、反りが出たこと。反ったことで床板との間に隙間が発生し、上からの重量負荷によってひび割れてしまった。

対策 現場C　幕板を床板と完全に密着して、固定ビスを増やすことで温度変化による反りが出ないように施工する。発生してしまった場合は、材料を交換する。

その他 真砂土舗装の苔・表面剥離・割れ

特徴をよく理解して、使用場所を選ぶ

どのような事象？

　土系舗装（真砂土[*1]など）のメリットとして、①日射の照り返しなどを抑えて表面温度上昇を抑制する効果②保水することによる気化熱冷却効果③雑草防止効果④景観の向上——などが挙げられる。その反面、コンクリートと比較すると強度や耐磨耗性などが低く、使用する場所を間違えるとクレームに発展する可能性があるので、製品特性をよく理解し、使用場所を選定することが重要である。

[*1]　花崗岩などの風化が進んで砂状・土状になったもの。

事象例の原因と対応

原因　現場A　苔が発生した事象である。土系舗装は透水性があるが、保水機能もあるため、環境条件によっては苔類が生える可能性がある。苔類が生えると、その部分から劣化が発生し、舗装が剥離する場合もある。

対策　現場A　水はけの悪い場所、日陰になる場所など苔類が発生しやすい環境での使用は避けることが重要。また寒冷地で施工すると、保水することによって冬期などに凍結融解し、表面が劣化する可能性がある。寒冷地での施工については特に注意が必要である。

原因　現場B　摩擦により表面が剥離した事象である。土系舗装はコンクリートなどと比較すると耐摩耗性に劣るため、車両の通行や、歩行量が多いと剥離する可能性がある。一度剥離すると、その部分から剥離が広がる。

対策　現場B　車道はもちろんのこと、歩行であっても常時通行するような場所での施工は避けることが重要である。

原因　現場C　植栽桝に雑草防止の目的で使用したが、下地の転圧が不足しているか、または、植物の根の圧力によりクラック（割れ）が生じた事象である。

対策　現場C　雑草防止の目的で使用することが一番リスクの低い使い方であるが、本件のように外的要因によりクラックが発生する可能性もある。したがって、様々な環境条件を確認して設計する必要があるが、景観材料であるので、保障についてもある程度は免責される条件を付ける必要がある。

第4章　植栽で起こる事象

　せっかく植えた樹木が枯れたり、花が咲かなかったり、生育が悪かったり、病虫害に侵されたりすると、それはクレームという形でかえってくる。しかし、他の構築物のような法律や構造といった問題と異なり、生物としての問題に限定されるので、他の施設工事に比べ、その様相は少し異なる。

　そこで本章では、まず植栽樹木のクレームとされる事象を経験的に挙げ、クレーム内容の検討を行った。さらに、計画・設計担当者が、樹木を見て障害の原因が分かる、あるいは病虫害の判断ができるように、加えて施主の要望、クレームに対処できるような内容となるように作成した。

　以上のような考えのもとで事象を示したが、植物の枯死原因や施主からの植物の疑問などについて、文献などで調べても分からないことや、疑問を感じた場合は、樹木に関しては国立研究開発法人森林研究・整備機構に、土壌や肥料については各地域の農業協同組合などに問い合わせてみることも有効である。

樹木の枯損 土壌悪化と日照不足

門袖の足元に設けた植栽桝

植栽で起こる事象

どのような事象？

　建物のエントランスが殺風景な印象になってしまうことを和らげようと、少しでも緑を入れるために植栽桝を設けた例をよく見かける。現場 A、B は、ともにマンションの入り口に設けられた門壁周りの植栽桝だが、当初に植えられていたであろう灌木類が、現在は跡形もない状態になってしまっている。建物の庇がかかっている場所で、植栽余地が小さく、さらに北側のため、日当たりも十分とはいえない環境である。

　一般に、接道が北側にある場合は、アプローチが窮屈になり、このような植栽桝が設けられることが多い。

事象例の原因と対応

原因 **現場 A、B 共通** 　現場 A、B ともに門袖の足元に設けられた植栽桝である。植栽桝の縁や門壁の基礎などが植栽用の余地を大きく制限しているために土の量が少なく、樹木の根の生育には十分といえないことが枯損の原因と考えられる。さらに、灌水の不足や、灌水の連続による土壌の目詰まりなども原因になっている。また、日当たりが悪いので、樹木が十分に生育することができないという環境も要因の一つであろう。

対策 **現場 A、B 共通** 　このような植栽桝に植える樹木は、少ない土の量や日照不足などを考慮して選択する。土壌の改善と排水を良くすることも重要。樹木にこだわらず、常緑の草花類や下草類など、少ない土でも生育できるものに植え替えることも検討すべきである。

　比較的短時間の日照でも育つ日陰に強い樹種や常緑多年草を挙げてみると次のようになる。

　アオキ（常緑低木）、カクレミノ（常緑小高木）、サカキ（常緑小高木）、ヒイラギナンテン（常緑低木）、ヤツデ（常緑低木）、タマリュウ（常緑多年草）、ヤブラン（常緑多年草）、ヤブコウジ（常緑低木）、ツワブキ（常緑多年草）など。

　また、集合住宅のような場合では、植栽の維持管理に対してあまり関心が向けられないことも多い。日常的な観察や維持管理が重要なのはいうまでもない。

〈参考／陽生性植物と陰生植物〉

　一般に、日向を好み日陰では育ちにくい植物を陽生植物といい、日陰でも育成するが直射日光に弱い植物を陰生植物という。

　陽生植物は直射日光を好むとされるが、日光不足に耐える力（耐陰性）を備えているものもある。陽生植物は一般的に、光補償点[*1]が高く、光飽和点[*2]も高い。そのため、光の弱い場所では、育成に必要となる十分な光合成ができない。

　陰生植物は、光補償点が低いので、弱い光、少ない光の中でも光合成をして育成できる。多くの場合、光飽和点も低いので、光が強くなっても光合成活動がそれ以上強くならない性質をもっている。

　樹木の場合は、陽樹、陰樹に分類される。

[*1] 植物が光合成をするときに排出する酸素と、吸収する二酸化炭素との出入りが完全に釣り合うときの光の強さ。光補償点以下では植物は成長できない。

[*2] 植物の光合成において、光の強度を上げても、ある強さ以上になると飽和状態になり、植物が光合成を行う速度が上昇しなくなる光の強度。

樹木の枯損 土量不足

小さく狭い植栽桝

どのような事象？

　基本的に、植物は土の少ない場所では育ちにくい。また、小さな植栽桝の周りがコンクリートで覆われているような状況だと、植栽された樹木は水切れを起こしやすくなる。現場A、現場Bの植栽桝の幅はそれぞれ600mm、450mmと狭いために、植栽用土が十分とはいえない。乾燥しやすいことも見てとれる。さらに、植栽桝の客土の状態も懸念される。現場Aでは中木の樹木が2本植えられているが、いずれも枯損している。乾燥に弱いサツキツツジ[*1]が植栽されていたようだ。現場Bでは植物がなくなってしまった。

＊1　ツツジの一種であり、他のツツジに比べ1カ月程度遅い旧暦の5月（皐月）に花が咲くことが名前の由来。高さは1mほどの常緑低木。

事象例の原因と対応

原因　**現場A、B共通**　現場Aは、駐車空間とエントランスアプローチの床に挟まれた小さな植栽帯。現場Bは、エントランスの脇につくられた小さな植栽桝だが、ほぼ植栽がなくなっている。

　両事象とも植栽桝の面積は小さいので、枯損の主な原因は土壌の乾燥によるものと考えられる。また、十分な植栽用土が確保されていないことも要因の一つであると思われる。加えて、日常的な維持管理が十分でないことも挙げられるだろう。

対策　**現場A、B共通**　このような植栽桝の小さい場所では、客土の量が制限されるので、現場の埋め戻し土などではなく、良質な客土を使用する。また、建設時のガラや異物の有無、土壌の酸度や排水の状態などに加え、有効土層（p.86＊2参照）の下の状態を調べておくことも必要である。もし、土の状態が悪ければ、土壌の改善、改良、客土の置換えなどを検討する。

　狭い植栽桝では、水切れを起こしやすいので、灌水などの日常維持管理が大切になる。

　小さく狭い植栽桝には、丈の低いものや多年生植物などが適していると考えられる。参考植物としては以下のようになる。

　アベリア（常緑低木）、グミ類（常緑または落葉の低木）、多年草ではシバザクラ、マツバギク、マンネングサ（セダム）、イワダレソウなど。

〈参考／土壌改良の判断〉

　土壌改良が必要かどうかは棒を挿す、あるいは、スコップで掘ってみて判断する。

　棒や支柱がすっと簡単に挿せる場合は、根が張りやすく植物が生育しやすい土といえる。15～20cm程度の深さであれば草花は良く育ち、さらに深く棒が入る場合は、低木なども無理なく根を張ることができるので、生育良好となる。

　スコップで土を掘ると、土の状態を確認することができる。簡単に掘れる場合は良好であることが多く問題ないが、掘るのが困難でガラやレキが多くて土が少ない場合は、根が張るのに障害となり、土が乾燥しやすいことが分かる。また、水はけが悪くて水が染み出てくるような場合や、土が過湿しているような時は、根腐れするので土壌改良が必要といえる。

　さらに、土の色や触った感じ、握った感じで土の状態を診断する。

表4-1　土の状態と特徴

土の状態	触った感じ	握った感じ
通気性、排水性、保肥性が全て悪い	固く、締まった感じ	しっかりと固まるが、粘土状になる
通気性、排水性は良いが、保肥性が悪い	サラサラとしている	しっかりと固まらず、すぐに崩れる
通気性、排水性、保肥性が全て良好	やわらかく、フカフカとしている	しっかりと固まるが、指で押すと崩れる

樹木の枯損 土壌の目詰まり

プラントボックスの植栽

どのような事象？

　写真の事象は、よく見かけるプラントボックスによる植栽。コンテナガーデンなどとも呼ばれ、地面のない場所に緑を持込む方法の一つである。一般家庭用から営業物件用まで様々なサイズと種類があるが、当然ながら、長い期間利用しているとプラントボックスの中に植栽された樹木が弱ってくる。プラントボックスの大きさに合わせて、現場Aは灌木程度の低い植栽、現場Bは3.0mを超える樹木であるが、ともに数年経った後は、写真のように葉が少なくなり、葉色も薄く、樹形を崩すか、あるいは、枯損してしまう。

事象例の原因と対応

原因 **現場A、B共通**　現場Aは小規模なプラントボックス（植栽桝）の植栽で、当初に植栽した低木はその姿をとどめていない。現場Bは高木の植栽だが、葉の数や枝などに生育障害が見られる。

　いずれも、プラントボックス内の植栽用の土が数年の間に目詰まりを起こし、生育障害を起こしたと考えられる。植栽桝でもプラントボックス、プランターのように直接地面に接触していないものは、水切れを起こしやすいので、水やりを頻繁に行うが、灌水すればするほど土壌は締め固まってしまう。したがって、土壌の劣化が樹木の根の張りを妨げ、生育障害と枯死につながっていると考えられる。

対策 **現場A、B共通**　プラントボックスの場合、どうしても限られた小さな面積に樹木を植えることになるので、樹木の成長に合わせて窮屈な植栽環境になっていく。さらに、目詰まりを起こした土は団粒構造[*1]が崩れているので、土壌の回復（空気を土壌中に入れること）が必要になる。土の入れ替えなども効果的である。さらに、土壌の排水をよくすることも重要である。

[*1]　土壌粒子が集合して団粒をつくっているもの。団粒構造は土壌粒子がばらばらに存在している単粒構造に比べて大小さまざまの孔隙が多く、土壌の透水性、通気性、排水性、保水性にすぐれる。

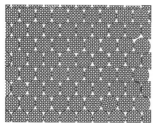

単粒（斜列）孔隙率 25.95%

図 4-1　土壌粒子の配列と孔隙率

単粒（正列）孔隙率 47.64%

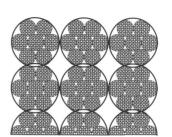

団粒構造（孔隙率 61.22%）

樹木の枯損 水切れ・乾燥

建物際や塀際でのコニファーと灌木の寄植え

どのような事象？

　建物の際や隣地塀際において、コニファーを中心とした寄植えが植栽されているのをよく見かける。コニファーとは一般に、園芸として使われている針葉樹の総称であり、特別な仕立てをしなくても円錐形などの整った形に育つものが多いため、庭木としてよく使われる。しかし、こうした植栽場所は建物の軒下になっていたり、樹木の生育に必要な植栽空間が十分に確保されていないことも多い。さらに、建物の際や塀際などは、建物や塀の基礎、建築の設備配管などの埋設が予想される場所であり、風通しや壁の反射熱などの影響を受けるので、植物の生育にとって厳しい環境といえる。

事象例の原因と対応

原因 　**現場 A、B 共通**　現場 A および B ともにコニファーの植栽場所が建物際や塀際であるため①樹木の根の範囲に建物や塀の基礎が接触している②植栽範囲が狭い③足元に灌木が植栽されている——ことなどが枯損の原因として考えられる。

　さらに、有効土層（p.86 * 2）の不足、水切れ、基礎のコンクリート、建物や塀の施工時のコンクリートガラなどの影響で、アルカリ性土壌となっている可能性も考えられる。

対策 　**現場 A、B 共通**　建物や塀の際では、その工事後、植栽地の状況がどのような状態であったかを調べておく必要がある。その内容としては①建物や塀の基礎の位置②作業時に踏み固められたか③ごみやガラが混入していなかったか——などである。調査内容に応じて、ガラの撤去、土壌の中和、土壌の改良、土の入れ替えを検討する。

〈水切れ対策〉

　建物際や軒下は乾燥しやすいので、灌水量や灌水回数などを適切に行い水切れを防ぐ。灌水が十分に行えないような場合は、植栽桝内に自動灌水装置を設置することも有効である。

〈土壌酸度〉

　一般的に、植物は酸性土壌には比較的耐えるが、アルカリ性土壌では生育障害を起こしやすい。植物に適当な土壌酸度は、弱酸性〜中性のpH5.5〜7.0くらいといわれている。

〈参考／樹種〉

　水遣りなしで大丈夫とはいえないが、比較的乾燥に強い樹種をあげてみると、低木のコニファー類ではハイネズ、ハイビャクシンなど、常緑広葉樹だとヒサカキ、フェイジョア、落葉広葉樹ではシモツケ、サルスベリなどがある。

〈参考／自動灌水〉

　灌水の方法には、ホースの先にハス口を付けて灌水する手撒き灌水と、自動灌水の2種類がある。

　自動灌水にはスプリンクラーやチューブによる灌水があり、土や植物の乾き具合に関係なく、全体に均一な灌水を行う。スプリンクラーは芝生や広い面積での灌水に適しており、水圧によってノズルを回転させて円形や、ノズルが左右に動いて矩形に散水する。

　チューブには散水タイプと滴下タイプがある。散水タイプは、チューブ内の水圧によりチューブ周辺に水を散水するので、やや広めの面積でも手軽に灌水することが可能。滴下タイプは、花壇や植栽に小さな穴をあけたチューブを設置し、その穴から水が少しずつ浸み込むように時間をかけて灌水する。細いチューブや枝分かれしたものは、高所などへの灌水も可能となる。

植栽で起こる事象

樹木の枯損 植栽余地不足

敷地境界などの狭い場所における生垣、樹木

どのような事象？

　生垣は敷地境界などに列植されるが、敷地面積が狭いと、アプローチの造成などにより十分な植栽幅が確保できず、枯れが進んでしまうことがある。敷地境界に植えられた中高木にも同様の事象が生じる。その原因としては、植栽桝に十分な植栽土量が確保されていないだけではなく、排水にも問題を起こしていることが多い。さらに、アプローチ床舗装や塀・建物などの基礎に囲まれているので、樹木が左右に根を張ることができない。また、隣地の建物などの影響により地温が上がらず、風通しや日照などについても条件の厳しい場所となる。

事象例の原因と対応

原因 **現場 A、B 共通**　現場 A、B はともにアプローチ床舗装と隣地の仕切りに囲まれた狭い範囲に植栽されている。中高木の樹木を植え付けたり、移植をした直後は灌水を行うが、活着後の灌水は天気まかせになってしまうことが多い。そうすると、狭い植栽余地の場合は水切れを起こしてしまい、枯損を発生することがある。

対策 **現場 A、B 共通**　樹木は根を通して水分を吸収し、葉から水分を蒸散して体温調節を行っているので、吸収する水分よりも蒸散する水分が上回るとしおれて、最悪の場合は枯損する。したがって、灌水は樹木の活着や育成に欠かすことができない。

　植え付け間もない樹木にとって夏期の灌水作業は重要であり、天候にも注意して灌水を行う。一般に、植付け後 1 年間程度、樹木が活着安定するまでは注意する必要がある。活着してしまった中高木には灌水は行わず、自然の降雨に任せるのが一般的であるが、狭い植栽余地の場合は、水切れを起こさないように注意し、必要におうじて灌水を行う。

　このような場所には半日陰・日陰でも育ち、湿気や乾燥に強いといわれる樹木が適している。

　カシ類（ブナ科の常緑高木）、カクレミノ（常緑小高木）、カシワバアジサイ（落葉低木）、アオキ（常緑低木）、イヌマキ（常緑針葉高木）、サカキ（常緑小高木）など。

〈参考／蒸散による体温調整〉

　植物は、葉から水分を蒸散させることで体温を調節する。蒸散によって葉の水分が水蒸気に変わる際に、多くの熱が失われることで葉の温度を下げる仕組みを持っている。そのため、夏の日中、直射日光のもとでは、石の表面が手で触れられないほど熱くなるのに、隣りの植物はそこまで熱くならず、葉焼けすることなく正常に育つことができる。水が不足したら、蒸散作用がうまく機能しないため、体温調節ができなくなり、体温が上昇して細胞が死ぬことにもなる。

　植物の葉に現れる「葉焼け」には幾つかの要因があるが、水は大きな要因の一つであり、水が不足して体温調節ができないことは、生命維持だけではなく、光合成にも悪影響が出てくる。

　ただし、水が十分に与えてあっても、その植物に適した温度を超過した場合には、吸収と蒸散のバランスが悪くなって、害が出る。植物が葉焼けを起こしてしまったとき、「日差しが強すぎるからだ」と考えるが、実は光量よりも通気が悪くて周辺が高温になってしまい、体温調節に必要な水分が十分に供給されなかったりすることも多い。

樹木の枯損 地形と灌水不足

活着後の成長にともなう水切れ

どのような事象？

　植栽後数年あるいは数十年を経てから、元気に生育してきた樹木が樹冠の先端から枯れ始めることがある。現場A、Bともに植栽されている場所は周辺に比べて少し高い位置にあるが、樹木を遮る障害物などはなく、日当たりや通風にも問題ない場所である。植栽当初は活着して生育を始めていたが、やがて弱ってきて、樹木の先端から枯れ始めている。樹木の要求する水分が樹木の先端にまで十分行きわたっていないことが分かる。今まで足りていた水分が、樹木が大きくなるにつれて足りなくなった状態である。

事象例の原因と対応

A

B

原因　**現場A、B共通**　現場A、Bともに周辺よりも少し高い場所、または、傾斜地の上に植栽されている。一般的には、地形に関係なく樹木を植え付けたり、移植をした時は灌水を行うが、活着後の灌水は降雨任せとなることが多い。しかし、降水量の少ない年や季節などによっては、低地に水が下がることで水不足が起こり、樹木の枯損が生じる場合がある。現場A、Bともに植栽された樹木は最初から大きめの高木であるため、樹体に対して必要な水分が足らないことによって、樹冠の先端から枯れ始まったと考えられる。

対策　**現場A、B共通**　周辺よりも高い所に植え付けられた樹木は、夏期の渇水期などでは、灌水が特に重要な作業になる。樹木は根を通して水分を吸収し、葉から水分を蒸散し、体温調節を行っており、吸収する水分よりも蒸散する水分が上回ると樹木は萎れ、最悪の場合は枯損する。灌水作業は季節や天候、樹木の植栽時期などを理解したうえで行うことが求められる。

　冬期だと半月以上、夏場は1～2週間以上降雨のない場合、樹木の葉の状態を見ながら、植栽地の高い所から十分に灌水を行うと効果的である。

〈参考／植え付け後の灌水について〉

　植栽での技術的な目的は活着することである。そのためには、水やりが植え付け後の樹木にとって一番大切な作業となる。植え付けてから3週目までにおける、灌水の主な留意点を以下に挙げておく。

〈植えてから3週間～1カ月間は乾燥状態にしない〉

- 1週目……毎日灌水し、表土がいつも濡れている状態を保つこと（雨の日はやらない）。
- 2週目……根鉢の表面の土が白く乾いたら、朝か夕にたっぷり灌水する。
- 3週目～1カ月……植物の葉や芽に異常が見られなければ、毛細根が発生して吸水できる状態と思われる。特別な乾燥状態でなければ、表土が白く見えて乾いていたら灌水する普通の管理でよい。

植栽で起こる事象

樹木の枯損 土壌悪化と水切れ

マンションなどにおける植栽の維持管理

どのような事象？

　マンションなど大きな建物の場合、工事後の植栽空間の土壌は劣悪な状態になってしまうことがある。また、マンションなどの共同住宅の樹木は「個人のものではない」という意識が大きく影響し、良好な維持管理が行われずに樹木が枯損することもある。ここで取り上げるのは、マンションの道路側に植栽されたマサキ*¹の生垣に枯損が見られる事象と、半分庇のかかった場所に植栽されたハナミズキ*²が枯損している事象である。

*1　ニシキギ科の常緑低木。丈夫で成長が早く、刈り込みにも強いため、以前はもっとも多く垣根に利用された。
*2　街路樹などにもよく植えられている落葉高木。春から初夏にかけて白い涼しげな花を咲かせる。秋も紅葉した葉や真っ赤な実で楽しむことができる。

事象例の原因と対応

原因　**現場A、B共通**　現場Aの生垣は、マンションの南側道路に向かって植栽されている。現場Bは、マンションのエントランス脇の小さな植栽帯に植えられている。

　どちらも植栽条件が特に厳しいわけではないので、枯損原因としては日常管理の不足が考えられる。集合住宅のような場合は個人住宅と異なり、管理が業者任せ（管理費内）となり、住民の関心が樹木に及ばないことが多い。こうした無関心が樹木の維持管理に大きく影響する。

　現場Aの生垣の部分は水切れによる部分枯損と考えられる。現場Bのハナミズキは、土壌の劣化（土壌の締固まり）と日照不足が原因だと考えられる。

対策　**現場A、B共通**　日常的に樹木の観察を行うことが大切であり、現場A、Bのような状態になる前に対策を講じることが重要である。

　このような状態になってしまうと現場Aの生垣樹は植え替えるしかないが、たとえ植え替えたとしても、漫然と同じような管理を行えば、再び枯損してしまう。委託管理の場合は、樹木の成長とともに灌水を含めた管理の方法を変えていくことが大切である。

　現場Bのエントランス脇の小さな植栽地は、灌水により土が絞め固まりやすいので、土壌の改善が必要となる。

〈参考／樹木の日常的な管理〉

　植栽は植えたら終わりではなく、季節に応じた日常的な管理を行うことが必要。それによって植物が健全に生育する。樹木管理の基本事項をまとめると次のようになる。

a　樹木の剪定と整姿
　樹木を剪定をせずに放置した場合は、年々繁茂して旺盛に生育するため、樹形が悪くなるばかりでなく、樹冠内の環境悪化による病害虫の発生や枝枯れ、強風による倒木の原因になることもある。不要な枝や古枝を切除することは樹木の負担を軽減させ、より健全な新しい枝を多く出させることになる。

b　灌水
　植栽後に順調に土壌に活着すれば、その後は特に灌水の必要はない。ただし、雨が降らずに乾燥が続くことで樹勢が弱くなる場合は、必要に応じて灌水する。

c　施肥
　一般的に、樹木の施肥は寒肥として1月～2月、追肥として8月～9月ごろに行う。

d　防寒・防雪
　樹種により必要な場合がある。

e　樹木保護としての支柱
　支柱は、樹木新植時や移植時などに強風による倒木防止として、また、新しい根の発生や活着の安定を促すために設置する。

樹木の枯損 排水の悪化

土壌目詰まりで水の逃げ場がなくなる

どのような事象？

　園路と建物との間にヒラドツツジ[*1]の寄せ植えがなされているが、足元の地肌が目立つ状態である。ヒラドツツジは比較的大きいので、数年が経過していると思われる。日当たりや通風に関しても問題はなさそうである。ただ、園路と建物の間という比較的狭い場所に植栽されているので、水の逃げ場がないこともあり、全体的に枝や葉の数が少なく、枝枯れなどを起こしている。全体的に弱々しい感じであり、いずれは枯死に至ると思われる。

[*1]　古くから主に長崎県平戸市で栽培されてきたことからヒラドツツジとよばれている。常緑ツツジの中では株が大きく、刈り込みに耐え、萌芽力が強いことから街路樹としてよく使われている。花は大輪で一斉に咲く。

事象例の原因と対応

A

B

原因　**現場A、B共通**　現場A、Bはともに土壌が目詰まりを起こし、根が弱ってきたことが原因と考えられる。おそらく、降雨や灌水などによって水の供給が継続されたために、少しずつ土が締め固められた結果、保水が日常的となり、土壌の通気性や排水性の悪化と、水分飽和による生育障害を起こしていると考えられる。

対策　**現場A、B共通**　このような状態になる前に、土壌の通気性や排水性を改善する物理的措置が望まれる。水の溜まる状況にある植込みや植栽桝などには、排水管と暗渠排水管の敷設も一つの方法である。また、無機系土壌改良材（パーライトやバーミキュライトなど）や有機系土壌改良材（バーク堆肥や腐葉土など）の混合と真砂土の入れ替えなども考慮しておく。

　排水が悪く、土壌の水分量が多い地盤では地温が上がらないので、葉の数が少なく弱々しい状態になってしまう。また、植物に必要な酸素量を土の中に送り込むことができないため、有用微生物の減少や根の呼吸量が低下してしまうことで生育障害を起こす。同時に病虫害に対しても抵抗力をなくしてしまう。

〈参考／主な土壌改良材〉

　用途により有機系、無機系を使い分けるが、庭の場合は有機系改良材を使用することが多い。有機系土壌改良材には次のものがある。

a　腐葉土

　広葉樹の落ち葉を腐熟させた改良材。通気性、保水性、保肥性の向上、微生物の活性化にも役立つ。

b　バーク堆肥

　針葉樹の樹皮を発酵させて粉砕、乾燥させた改良材。主に排水性と保水性を改良する。

c　牛糞堆肥・馬糞堆肥

　牛糞・馬糞を発酵させて完熟、乾燥させた改良材。土に混ぜ込むことで通気性、排水性、保水性を向上させる。

d　ピートモス

　湿地のヨシ、ヤナギ、ミズゴケなどが堆積、腐食により泥炭化したもの。通気性、排水性を向上させる。

e　もみ殻くん炭

　もみ殻を炭化させた改良材。アルカリ性が強いので注意が必要だが、通気性、保水性が向上する。

　主な無機系土壌改良材として、真珠石を主成分として通気性と排水性に富む「パーライト」、蛭石を高温処理して通気性、保水性と保肥性に富む「バーミキュライト」、沸石を高温処理して保肥性向上と根腐れ防止に役立つ「ゼオライト」などがある。

植栽で起こる事象

樹木の枯損 風害

建物への風の通り抜けによる乾燥

どのような事象？

　写真は2枚とも同じ場所であり、マンションの1階エントランス部分の外壁開口部に沿って、目隠しと景観を兼ねて列植されたカイヅカイブキ*1の中木。その内、数本が枯死している。この場所は開口部があるために、外部からエントランスに入る風が通り抜ける道筋に当たっており、恒常的に風が通り抜けている。また、庇などの日当たりを妨げるものもない。樹木の大きさに比べて植込みの余地も小さい傾向にある。

＊1　庭木や生垣、道路の分離帯などによく植栽されているヒノキ科の常緑小高木。イブキビャクシンの園芸品種といわれ、乾燥に強く、成長は遅い。

事象例の原因と対応

原因　風の通り抜け道に当たる範囲のカイヅカイブキが枯死しているのを、写真左は建物の外側から、写真右は内側から、それぞれ見たもの。日常的に風が通り抜ける場所においての植栽桝による植栽は、一般的な条件に比べて、樹木生体が乾燥（蒸散）しやすいといえる。さらに、建物に接した比較的狭い植栽桝の空間も、植栽土壌の不足や土壌の保水量の不足などをきたし、枯損の原因と考えられる。

対策　この現場のような、日常的に恒常風が当たり、風が通り抜ける場所での植栽には、樹木の土壌や灌水、風を緩和する風除け柵や壁などを考慮する必要がある。さらに、植栽余地を十分確保する必要があり、ビル風や風の強弱などへの対応が必要になる。

　樹木は恒常風にさらされることによる乾燥と低温、風の振動なども影響して徐々に体力を消耗し、生育障害あるいは枯死にまで至る。

　建物と建物の間や、室外機の吹出し口など、日常的に恒常風が樹木に当たるような場所での植栽には注意が必要。特に萌芽期の強風は致命傷になりかねない。

〈参考／風に対応した樹種選択〉

　風に強い樹木に関して検討を加える場合、その根系が深根性（太く真っすぐな根が下に伸びる）か浅根性（直根がなく、根をあまり深く伸ばさない）かに着目することが一般的である。そして、その選択も植栽計画地の特徴・条件によって変わってくる。

　都市部の建築空間において、平面的にその根張りを確保することは、植栽桝のスペースによって制限されることが多い。

　一般的に中低木は高木に比べて根張りも浅いので、土壌の厚さを確保できない植栽地では、中低木を主体とした植栽計画になる。

　浅根性の主な樹木を整理すると次のようになる。

表4-2　主な浅根性の樹木

針葉樹	カラマツ、コウヤマキ、サワラ、タラヨウ、ドイツトウヒ、ヒノキ、ビャクシン
常緑樹	アスナロ、アラカシ、イチイガシ、クロガネモチ、シラカシ、ナギ
落葉樹	アオハダ、アカシデ、アカメガシワ、アメリカデイゴ、エノキ、エンジュ、オオシマザクラ、カラマツ、カロリナポプラ、クリ、ケヤキ、ザクロ、サトザクラ、シダレザクラ、シラカバ、ソメイヨシノ、ナンキンハゼ、ニセアカシア、ブナ、ポプラ

植栽で起こる事象

樹木の枯損 踏圧による障害

人の通行が原因で進む土壌硬化

どのような事象？

　人びとが頻繁に通行したり休憩したりするところに植栽されている樹木は、踏圧による土壌硬化が進むと、根系が発達できないことによる乾燥障害が起こったり、根系範囲が規制されて大きく成長できないなどの障害が発生することがある。

　現場 A、B ともに周辺の樹木は問題なく生育しているが、枯損樹木の場所は人が恒常的に樹木の足元を踏み固める状況にある。現場 A は鳥居型支柱もあり、直接樹木に接触するほどには近くに寄ることはできないが、踏圧により枯損している。

事象例の原因と対応

原因 **現場 A、B 共通**　いずれも、植栽して数年は経過しているが、周辺樹木とは足元の植栽地盤が異なってしまった。人びとが踏み付けてきたことにより、少しずつ樹木足元の地盤が締め固まり、生育障害が進み、枯損に至ったと考えられる。

対策 **現場 A、B 共通**　現場 A のトウカエデ[*1]のような状態まで進んでしまった場合には、植え替えということになる。一般的な踏圧による障害が懸念される場合は、人の立ち入りを制限することや、上層の 20 〜 30cm を耕し、土壌の排水性や通気性を改善するなどの対策を講じる。

　さらに、踏圧を受けるような植栽地にはエアレーションパイプ[*2]の設置などにより、土壌に空気を送り込むことで土壌を膨軟化する。あるいは、土壌の置換え、客土なども状況により検討する。

　土壌硬度は、植物根の伸張の難易、透水性や通気性の程度に影響する。植物の根と土壌微生物の 1 日の酸素消費量はそれぞれ 4 〜 8g、7 〜 14g を消費するといわれるので、樹木の根元表土の膨軟化のためには耕起が有効である。

*1　中国原産のカエデの仲間で、浅く三つに裂けた葉を持つのでサンカクカエデとも呼ばれる。大気汚染などの公害に強く、病害虫にも強いので、街路樹など公共スペースに植栽されることが多い。

*2　硬くなった土は排水が悪く、土の中の酸素も少ないために根が呼吸できなくなって生育が悪くなる。そうなると、根からの養分が十分に行き渡らなくなるので、樹勢も衰える。その対策としては、土の中へ空気と養分を供給し、根や樹勢の活性化を図るためにエアレーションを行う。エアレーションパイプは、長さ 150cm 程度、直径 10cm の割り竹や塩化ビニル管にドリルで数カ所穴をあけ、筒の中にパーライトや砕いた木炭、緩効性肥料などを詰めたもの。これを、根が伸びていると思われる範囲の周辺に深さ 100cm ほどの穴を掘り、数カ所埋め込むことで根や樹勢の回復を図る。エアレーションパイプの周辺も完熟堆肥などを混ぜ込むことで、より根の生育が活性化される。

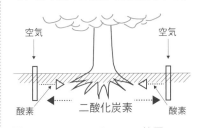

図 4-2　エアレーションの範囲

植栽で起こる事象

樹木の枯損 塩害

海岸地域や台風の後は注意が必要

どのような事象？

　海辺に近い地域では、あらかじめ潮風に強い場所に植栽することを想定した塩害に強いとされる樹木であっても、状況によっては塩害による枯死を招くことがありうる。現場Aのオガタマノキ[*1]の高木は、海岸から5km程度離れた高台に位置していたが、台風の影響で樹体の片側が葉を落としてしまった。枯れた葉の方向が台風の風の方向を知らせている。現場Bの単独で植えられたクロマツ[*2]は、太平洋に面した海浜公園に植えられている。同様に台風の高潮に見舞われ、樹木全体から枯れが進んできた。

＊1　モクレン科の常緑高木。日本で見られるモクレンの仲間では唯一の常緑性となる。
＊2　別名オマツ（雄松）。乾燥、湿気、潮風、排気ガスなどに強く、砂防、造林など実用的に植栽されることが多い。

事象例の原因と対応

A

原因 　**現場A**　樹体の片側が葉を落としてしまっている。海から少し離れていることを考えると、恒常的な潮風というよりも台風などによる強い潮風の影響と考えられる。

原因 　**現場B**　潮風と高潮による海水を直接浴びたことによる塩害である。樹木が単独で植栽されていることも、抵抗力を失わせていると思われる。

対策 　**現場A、B共通**　海辺のような潮風の影響や、台風などによる潮害を受ける地域では、塩風に耐える樹木を選択することは当然ながら、樹木の単独植栽は直接被害を受けやすくなるので、群植などの植栽を考慮する[*3]。また、自然環境を変えることはできないので、潮風除けなどを設けることも効果的である。さらに、台風の後は樹木全体を水洗いし、塩分を洗い流してやる。

　塩害に強いといわれる樹木は、次の通り。

　ウバメガシ（常緑広葉樹）、クロマツ、シイノキ（常緑広葉樹）、オオシマザクラ（落葉広葉樹）、タイサンボク（常緑広葉樹）、キョウチクトウ（常緑広葉樹）、ヤマモモ（常緑広葉樹）など。

B

＊3　複数の樹木の植栽で風を弱める

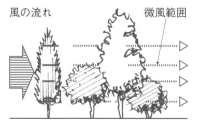

風の流れ　　　　　　　　微風範囲

〈参考／塩害と植物〉

　一般に植物は細胞の塩基濃度が濃くなると、弱ったり、枯死してしまう。植物は塩分を必要としないので、塩分濃度上昇により生育障害が起き、水分の吸収にも影響が出てくる。塩分濃度上昇により、植物細胞膜内外の浸透圧の差が小さくなることで、外から細胞に十分に水分が入りにくくなり、脱水状態を起こした結果として枯死してしまう。台風や高波の後、急激に樹木が弱るのはこうした理由による。

樹木の枯損 水切れ

住宅工事の影響による土壌乾燥

どのような事象？

　永年住んでいた住居を最近取り壊して新築したが、その影響で近接する仕立物の樹木が樹幹全体にわたって枯れが進んでしまった。新築以前から庭には仕立てられてきた樹木が多数存在していたが、同じ敷地内の庭の一部に仮住まい兼物置の建築工事が行われた時期から、イヌツゲ[*1]とイヌマキ[*2]の葉が茶色に変色してきた。植栽されている場所は同じ敷地内だが、建物を建てた地盤より80cmくらい高い築山の上で、新たに建築された建物から1.5m程度離れている。

＊1　モチノキ科の常緑低木で萌芽力が強いため、イヌツゲの玉散らし仕立ては、日本庭園の定番ともいえる。

＊2　常緑針葉樹。古くから垣根や玉散らしとして、主に和風庭園で利用されてきた。

事象例の原因と対応

原因　**現場A**　築山に植えられている既存のイヌツゲの樹木に近接して建築工事が行われたため、基礎の掘削や、工事中に灌水への配慮をしなかったことなどが原因で、水切れによる枯損になったと思われる。

原因　**現場B**　築山の少し高い所に植栽されたイヌマキであるが、建物工事中は顧客がここに住んでいなかったこともあり、灌水がなされなかったために水切れが起き、枯損が始まっている。

対策　**現場A、B共通**　既存樹木に近接して土を掘削するなどの工事を行う場合は、周辺樹木への配慮が必要になる。工事中の安全や養生のみが優先され、樹木への対応が考慮されないことが枯損の原因となっている。

　建築工事中は、枝や幹への折損や傷などに配慮するとともに、水切れへの対応が必要になる。特に築山などの高い場所に植栽された樹木には注意が必要である。

　同じ敷地内でも水は低い所に集中しやすく、高い所は乾燥しがちである。雨の少ない時期や、やむを得ず管理のできない状況（長期留守、建築工事など）がある場合は、特に灌水には注意する。

植栽で起こる事象

〈参考／伝統的な仕立て〉

a　貝作り……基本的には玉散らし、段作りと同じだが、枝葉の形を貝のように仕立てる方法で、前の二つとは別の仕立て方に分けられている。

b　玉散らし……枝ごとに、葉を玉状に丸く刈り込んで仕立てる方法で、幹に玉を散らしたように枝葉の塊を見せる。

c　段作り……段作りは玉散らし仕立てと同じだが、枝葉の塊の大きさや枝の配列を、意識的に規則正しく揃えて仕立てる。

d　円筒仕立て……自然に伸びた枝を剪定し、枝葉を円筒形に刈り込み仕立てたもの。

貝作り　　　　玉散らし　　　　段作り

樹木の枯損 既存地盤不良

植栽基盤と有効土層の範囲

どのような事象？

　マンションの中庭に植栽されたシダレザクラ[*1]の高木で、植栽時から2年ほどが経過している。少しずつ樹木が弱ってきており、現状は葉の数も少なく、枝も元気がないといった生育障害が認められ、やがては枯死にいたることが予想される。シダレザクラは地面より少し高い位置に植栽されており、樹木の根元が踏み絞められないように保護柵で囲われている。支柱でしっかり固定され、樹木の活着や生育に対しての措置はなされている。風通しや日照にも問題はなく、水のたまる場所でもない。

＊1　サクラ属の一種で、江戸彼岸（エドヒガン）という品種の枝垂れ性のもの。

事象例の原因と対応

原因　写真上は、葉も少なくなり弱ってきたシダレザクラ。写真下は、植栽地周辺を掘削し、土壌の状態を調査した様子。

　シダレザクラが弱ってきたので地盤を調査してみると、現状の地盤は構造物施工時の重機の通り道にあたっていたことが分かった。そのため、砕石の残りや土壌の締固め（資材搬入路跡）があり、土壌の透水性および保水性、排水性に問題があることが判明した。

対策　植栽前には地盤調査を慎重にすることが大切である。植栽地周辺の地盤条件が悪い場合は、土壌改良を行う。条件の悪い場所での植栽は、後日必ず問題が発生する。

　植栽基盤の耕起は植穴の範囲だけに限らず、樹木の生育に必要な有効土層の範囲[*2]を考えて行い、同時に排水を確保する。また土壌の改良土は、適度な硬度と通気性、透水性の良い土とする。

　一般的に高木の有効土層の厚さは、樹木の健全な生育のための上層60cm、支持根が生育するための下層20〜90cmとされている。

＊2　植栽基盤は有効土層と排水層から構成され、有効土層は十分な保水力と適度の養分を含む「上層」と、主に植物体の支持と水分吸収のための根の広がりを確保する「下層」で構成される。

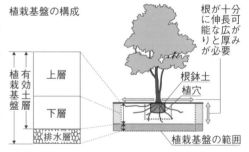

植栽基盤の構成

表4-3　植栽基盤の広がりと有効土層の厚さの標準（参考値）
日本緑化センター『植栽基盤整備技術マニュアル』2009

高木／低木		高木		低木		
目標樹高		12m 以上	7〜12m	3〜7m	1〜3m	1m 以下
植栽基盤の広がりの標準（1本当たり）	面積	約110m²	約80m²	約20m²	約5m²	約0.3m²
	直径	12m	10m	5m	2.5m	0.6m
有効土層の厚さ	上層	60cm	60cm	40cm	30〜40cm	
	下層	40〜90cm	20〜40cm	20〜40cm	20〜30cm	

植栽で起こる事象

樹木の枯損 深植え

植付け時だけではなく、改修時にも注意

　樹木を植える場合、一般的に深植えをしてはいけない。むしろ、浅植えの方がよいといわれている。深植えをすると、樹木の根の地表部からの酸素供給を阻害することになり、樹木が生育障害を起こしてしまう。「深植えをすると樹木が倒れにくい」「根が乾燥しにくい」などの理由から深植えをすると聞くこともあるが、樹木の生態を無視しているといえる。深植えをしたからといって、すぐに枯死することはないようだが、樹木が弱ってきて、やがては枯死にいたることも考えられる。

事象例の原因と対応

原因　**現場 A、B 共通**　現場 A は、植栽時点より数年が経過した樹木で、庭の改修時に根元に土が乗せ掛けられた様子が見てとれる。現場 B は、枯死寸前の樹木の根元を掘ってみたところ。深植えが原因で根が弱わっていることが明らかである。専門家であれば、樹木の植え付けの際には深植えをしないと思われるが、庭の改修やその他の庭周辺工事の際に、関連業者が発生した残土を既設の樹木の下に処分するなどの行為によって、期せずして深植えが発生してしまうことが多い。

対策　**現場 A、B 共通**　深植えは少し注意すれば防げる。まず深植えとは、地表面近くに幹を少し広げるように太くなった部分（根張り）を土で覆ってしまうことである。少しの間ならば、根元に土があってもすぐには問題にならないが、長い期間放置すると生育障害につながる。早い時期に根張りが隠れているような覆土を取り除いておくことが必要である。

　根元によせかける覆土はできるだけ避けることが大切である。覆土の厚さが数センチであっても樹木にとっては負担になる。

〈参考／根の形態〉

　根には、地表に沿って水平に伸びる（水平根）、斜めに伸びる（斜出根）、下方に伸びる（垂下根）などがある。根を垂直分布と水平分布に分けた特性などについて以下にまとめるとともに、根の分布特性で分類した代表的な樹種を表4-4 に示しておく。

a　根の垂直分布
- 浅根型……根が浅く伸びる性質の樹種。
- 深根型……地中 60cm 以上におよそ15%以上の細根が分布する樹種。
- 中間型……深根型と浅根型の中間的な性質の樹種。

b　根の水平分布
- 細根の分布状況により集中型・分散型・中間型に分類できる。

c　根の分布特性
- 浅根型の樹種は土壌層の厚さの浅深に関係なく生育する。
- 深根型の樹種は土壌層の厚さが浅いと生育しない。

表4-4　根の分布特性一覧表

		水平分布		
		集中型	分散型	中間型
垂直分布	浅根型	ハクウンボク、ヤマモミジ、ハウチワカエデ	エゾヤマザクラ、イタヤカエデ、ケヤマハンノキ	ハルニレ、ナナカマド、ミズ、ポプラ類
	中間型	ニシキギ	シナノキ、スモモ	カラマツ、ニセアカシア、プラタナス
	深根型	イチイ、カツラ、ミズナラ、クリ、シダレヤナギ	ヤチダモ、キハダ、イチョウ、トチノキ	トドマツ、キタゴヨウマツ、シラカンバ

樹木の障害 傾き（風害）

適切な風除支柱を設置する

どのような事象？

　樹木は風や雪など自然の影響を受けやすい。地域や季節などにもよるが、季節風や恒常風などにより樹木が傾いたり樹形を乱したりしてしまうこともある。現場Aには風除支柱が施されているが、建物に当たった強い風の影響で、建物近くに植栽された樹木が傾いている。現場Bはビル風を含めて恒常風が強く吹きつける場所に植栽されたため、樹木が大きく傾いている。

　一方、防風樹林などのように風の減退効果を目的として植栽される場合もある。建物などの構築物の有無や、樹木の相互間の距離などにより防風効果は異なるので、状況に応じた対応が必要になる。

事象例の原因と対応

原因 **現場A**　庭側に傾いている樹木。雨などにより地盤が緩むことも傾きを加速させるが、植栽間もない樹木の場合は、根が十分張っていない（支持根の未発達）ことや、支柱の不備、植栽基盤の不良などが傾きの原因と考えられる。

原因 **現場B**　恒常的に強い風の吹く場所に、風を受けやすく、風に弱い樹木を植えたことが、樹木の傾きを大きくしたと考えられる。ここでも根の腐朽、支持根の未発達、根茎の形状が影響している。台風などの強い風による樹木の傾きや倒木は、根が動くことにより枯損にもつながる。

対策 **現場A、B共通**　樹木の傾きは、光の方向へ曲がる性質、台風、恒常風などの風当たりの強弱、根元での腐朽病害などによって発生するので、植栽地周辺の状況を把握することが大切である。

　一般的に、新しく植栽を行う場合には風除支柱を設けるが、その場合、樹木に対して適切な支柱が施されていることが求められる。風向きや樹木の形状に対して適切な支柱の選択が必要である。

〈参考／樹木の支柱設置〉

　支柱は、樹木が活着するまでの期間、風による動揺や倒伏に対応するように設置される仮設物である。土地の状況や強風対策から永続的な工作物として設置することもある。

　標準的な支柱の形式には、杉丸太、真竹などを主材料にしたもので、幹に沿わせて樹木を支える「添柱支柱」、斜めに幹の上部に取付ける「一本支柱」あるいは「三本支柱（八ッ掛）」、幹の下部に鳥居形に取り付ける「鳥居支柱」があり、樹高に応じて適用する（表4-5）。

　中木に適用される支柱は、添柱支柱、布掛支柱、生垣支柱、二脚鳥居支柱、八ッ掛支柱が主なものである。

表4-5　支柱適用樹高

名称	適用樹高(m)
A 二脚鳥居添木付支柱	2.5m 以上
B 八ッ掛支柱	1.0m 以上
C 添柱支柱（1本柱）	1.0m 以上
D 布掛支柱	1.0m 以上
E 生垣支柱	1.0m 以上

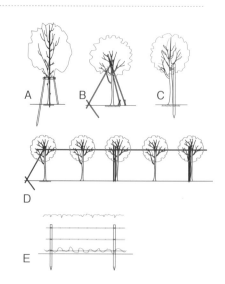

樹木の障害 花つきが悪い

悪い条件が重なると花が咲かない、つぼみが少ない

どのような事象？

　植栽環境に特別問題があるわけではないが、花つきが悪い場合がある。現場 A のジンチョウゲ[*1]が植栽されている場所は、通風や日照条件に問題があるわけではなく、ごく普通の植栽地といえる。写真を見ても分かるように葉の色や葉数、樹形も悪くない。ただし、開花の季節であるが、まったく花がついていない状態である。現場 B のサザンカ[*2]の植栽場所は、日照に問題のない場所と思われる。しかし、通常はもう少し花数も多くなるはずであるが、少ない状態である。

[*1]　2 月末から 3 月の早春に香り高い花を咲かせる常緑低木。ジンチョウゲ科ジンチョウゲ属。
[*2]　秋の終わりから冬にかけて花を咲かせる。ツバキ科ツバキ属の常緑広葉樹。

事象例の原因と対応

 原因 **現場 A、B 共通**　現場 A は花がまったくついていないジンチョウゲ。現場 B は花つきの悪いサザンカ。原因としては、土壌の低地温や栄養不足あるいは排水が悪い土壌であることなどが考えられる。また、通風などの条件が悪いか、剪定時期を間違ったといった悪い条件が重なったと考えられる。葉や蕾の数が少なくなったり、節間の間延び、徒長といった症状は、日当たり時間の不足が原因であることが多い。

対策 **現場 A、B 共通**　花を咲かせるための主な注意点を以下にまとめておく。

● 樹木が花をつけるには、根が充実した成木であることや、花芽の分化、根と地上部との調和が必要になる。

● 花木の花を咲かせるには、樹木に応じた灌水や栄養などの対策を行うことや、剪定の時期を間違えないことが重要になる。

● 花芽の分化後に剪定を行うと花芽を摘むことになり、花がつかないことになる。

● 日照や通風に問題なく、水不足もない場合でも咲かないのであれば、根を切るなどの対策も必要になる。

● 窒素肥料を与えすぎると、葉が茂りすぎて花が咲かないなどの問題が起こる。

● 多すぎる肥料は根の水分を奪い、土の中の肥料濃度も高くなってしまうので、浸透圧により根から水分が抜け出てしまう。植物の生育を促すつもりが逆に枯損の原因となる。また、適切でない時期に肥料を与えてしまうのも株に負担がかかり、よい結果とならない。

〈参考／植物の三大栄養素〉

　庭に植えられた樹木には自然界のサイクルによる栄養分の供給がないために、施肥が必要になる。施肥には窒素（N）・リン酸（P）・カリウム（K）の三大栄養素があり、それぞれ作用する部位が違う。以下にその違いを示す。

● 窒素……主に根茎や葉の生育を促す。植物には最も重要な要素。「葉肥え」ともいう。

● リン酸……主に茎葉や根の生育を促す。開花や実の結実にも有効なため「花肥え」「実肥え」ともいう。細胞分裂などの生理作用の調節をする必要不可欠な要素。

● カリウム……主に根の生育を促す。水分の調整、微量要素の吸収促進、病害虫に対する抵抗力向上などの作用がある。

　さらに、マグネシウム（Mg）、カルシウム（Ca）を含めた 5 要素が植物生育には重要だが、微量要素として 16 種類以上の要素がバランスよく与えられることで、植物の生育は良好となる。

植栽で起こる事象

樹木の障害 越境樹木

将来の樹高や樹形を予想した樹種の選択

どのような事象？

　都市近郊では敷地に十分な余裕がないこともあり、敷地内に植栽された樹木の枝などが道路または隣地に越境してしまう事象が多く見られる。さらに、越境するだけでなく、樹木の枝が電線などの架線に当たると、断線の原因にもなりかねない。道路に越境した場合は、樹木の枝が自転車や通行人に当たるなどの障害にもつながる。落葉樹だと、落葉期に大量の葉が道路や隣地に落ちるので、通行する人や隣家に迷惑をかけることにもなる。

事象例の原因と対応

原因 　**現場 A、B 共通**　現場 A は、枝が道路に大きくはみ出し、電柱に掛かっている常緑樹。現場 B の常緑樹も塀を越えて道路にはみ出している。

　いずれも、将来大きく成長する樹木の樹高や樹形を理解しないで植栽してしまったことが原因と考えられる。植栽当初は越境していない樹木でも、成長を予想して樹木を選ぶべきである。

対策 　**現場 A、B 共通**　道路や隣地境界に近接して樹木を植栽するときは、植栽された樹木が将来どのような高さや枝姿になっていくのかを理解しておくことが大切である。さらに、樹木の根の形態や、落葉樹か常緑樹などの樹木の性質を理解していくことも重要になる。そして、枝を越境させるような植栽はしないように心がける。

　日常的な対策としては、樹木が大きくなり過ぎないうちに、剪定や整枝などの管理を心がけ、落葉にも配慮することが求められる。越境した樹木の枝は周囲に断りを入れ、剪定するようにする。

〈参考／基本的な樹形〉

　樹形とは樹木の全体的な姿や形を表す言葉で、樹種によって異なる。樹木の選定の際には、成長後の樹形を把握しておくことが大切である。

　樹形は大まかに分けると自然樹形と人工樹形に区分されるが、自然樹形は、幹や枝が四方へ均一に出る整形と不均整な不整形に分けられる。以下に、自然樹形の主な分類をまとめた。越境しやすい樹形としては円蓋形、卵形、杯形などの性質を持つ樹木といえる。マテバシイ、クスノキ、クロガネモチ、ケヤキ、サクラ、カツラ、トウカエデ、ハナミズキ、ヤマモモなどが該当する。

| ちゅうじょうがた
柱 状 形 | えんすいけい
円錐形 | せんとうけい
尖頭形 | えんがいけい
円蓋形 | たまごがた
卵 形 | さかずきがた
杯 形 | ふせいけい
不整形 | しだれがた
枝垂形 | ぼうとうけい
房頭形 |

図 4-3　自然樹形の種類（伏生形とツル状形は省略）

植栽で起こる事象

90

樹木の障害 落葉樹の落ち葉

紅葉した落ち葉は美しいがトラブルの原因にもなる

どのような事象？

　落ち葉をつくりだす落葉樹[*1]は季節の変化を感じることができ、紅葉、新芽など景観には欠かせない樹木といえる。しかし、落ち葉の場所、落ち葉の種類などを検討しなければならない。新葉が出ると古い葉を落としていく常緑樹[*2]に比べ、落葉樹の落ち葉は冬に向かって一斉に葉を落とすので、大量の落ち葉が発生することによるトラブルを避けるようにする。

＊1　落葉は低温に対する適応（休眠状態）であり、広葉樹の大半は落葉樹であるが、針葉樹の一部も含まれる。
＊2　四季を通じて常に緑葉を保っているが、葉は1年から数年ぐらいで枯死落葉し、次々に新しい葉がつくられていく。葉の交代が連続的に行われ、決まった落葉時期をもたない。

事象例の原因と対応

原因 **現場A**　屋根と雨樋に詰まった落ち葉の事象。建物の近くに植栽された落葉高木の落ち葉の多くが屋根の樋に溜まって詰まらせてしまうと、雨漏りの原因になることもある。

原因 **現場B**　園路階段に降り積もった落ち葉の事象。アプローチ園路や階段などの通路に溜まった落ち葉は風情となるが、同時に、大量の落ち葉は歩行の危険と景観を阻害する原因にもなる。

対策 **現場A、B共通**　隣地へ落ち葉が吹き溜まったり、隣家の樋に落ち葉が詰まることは、クレームにつながる。また、園路に落ちた葉は滑って転ぶ原因になってしまう。いずれの場合も落葉樹の植栽位置および樹形に配慮する必要がある。枝が隣地境界から隣地側にはみ出すような樹種の植栽、成長すると建物に枝が掛かるような植栽位置と樹種の選択は避けるべきである。また、敷地内でも園路に吹き溜まる落ち葉は清掃管理が必要になる。

　庭や園路などの紅葉した落ち葉の景色は季節を感じる捨てがたい景観といえるので、落ち葉の管理をしながら景観を大切にしたいものである。

〈参考／紅葉が美しい低木・中木〉

低木

ドウダンツツジ……4〜5月にベル型の花が下向きに咲く。10月中旬から11月に紅葉し、ツツジの中ではもっとも紅葉が美しいといわれる。生垣にしたり、植木として植えた場合、球形や半球形など刈込みで形をつくる。
コマユミ……秋の早いうちに葉が色付き始める。その色合いが鮮明であるため、紅葉が美しい。9〜11月にはオレンジ色の仮種皮のある実ができ、鳥が集まる。
クロモジ……クスノキ科の落葉低木。果実は5〜6mmで9〜10月に黒く熟す。卵状長楕円形の葉は秋になると黄色に紅葉する。枝を折ったときの香りもよく、和菓子の高級楊枝の材料に用いられている。

中木

ヤマボウシ・ハナミズキ……ヤマボウシは日本原産。ハナミズキは外来種で別名はアメリカヤマボウシ。新緑、花、実、紅葉とシーズンごとに楽しめるので人気がある。
シャラ・ヒメシャラ……ともにツバキ科ナツツバキ属で白い花が咲く。ヒメシャラの方が花と葉が小さい。紅葉は黄褐色から赤に色付く。
ナナカマド……バラ科の落葉樹で、秋になると葉とともに実が赤く色付く。冷涼な地を好む。
イロハモミジ……紅葉の代表的な樹種。葉は対生し、掌状に5〜7深裂する。紅葉は鮮やかな紅になることが多い。一方、オオモミジは黄色になる傾向がある。

植栽で起こる事象

樹木の虫害 アブラムシ・アメリカシロヒトリ

早期発見と早期駆除が大切

どのような事象？

　アブラムシは主に植物の新芽や蕾に群生し、植物の汁を吸い、生育を阻害する。さらに、ウイルス病を媒介するため、植物に損害を与え、大量のアブラムシに侵された植物はやがて枯れてしまう。

　アメリカシロヒトリは戦後にアメリカから進入してきた外来種であり、ヒトリガ科に属する小型の蛾で全体的に白みを帯びている。刺されても人体にはさほど影響はなく、アレルギー反応を示す人に影響がある程度といわれる。アメリカシロヒトリによる食害により、サクラなどの樹木が衰退することや、糞で樹木の周囲が汚くなることが嫌われ、駆虫が行われる。

事象例の原因と対応

原因 **現場A**　写真はアブラムシ。窒素分の多い肥料を与え過ぎると葉で合成されるアミノ酸が多くなり、アブラムシはそのアミノ酸に引き寄せられる。また、風通しがよくない場所や日当たりが悪いところに多く発生する。さらに、植物が弱り、健康ではない状態でもアブラムシの発生は多い。

対策 **現場A**　アブラムシを擦り落とすのがよい。あるいは、木酢液や台所用洗剤をよく混ぜ合わせ、アブラムシに吹き付ける。木酢液は、アブラムシなどの害虫が忌避するだけでなく、土壌の消毒や有用微生物を増やし、植物の根や芽の成長を促すので、生育に良いとされている。

　アブラムシは繁殖力が強く、発生してしまうと駆除に手間がかかる。光るものを嫌う性質があるので、不要なCDディスクを近くにぶら下げて、アブラムシを寄せ付けないなどの方法もある。

原因 **現場B**　写真は葉に群がるアメリカシロヒトリ。孵化直後の幼虫は白い網状の巣網をつくり、一定期間（10～14日間）群生する。繁殖力は非常に強い。気象条件によって誤差があるが、通常、6月～7月と8月～9月にかけて年2回発生する。

対策 **現場B**　アメリカシロヒトリはある程度成長（体長1.5cm程度）すると巣から離れてしまうので、早期発見と早期駆除が被害の拡大を防ぐための最大の対策となる。枝葉ごと切り取って、焼くか踏み潰す。駆除後の枝葉は廃棄処分する。樹木全体に散ってしまった後は、一般的な殺虫剤で駆除する。

　幼虫はカキ、サクラ、ウメ、プラタナス、ヤナギ、ハナミズキなどの人間の生活環境に多く見られる落葉樹を好む。DDVP乳剤、DEP乳剤、MEP乳剤、ダイアジノン水和剤などを希釈して散布する。

植栽で起こる事象

樹木の虫害 穿孔虫類（テッポウムシ）

孔や木屑をみつけたら要注意

どのような事象？

　樹幹を食害して、材に孔を開けてしまう害虫を穿孔性害虫と言い、これらのうち樹木の幹に孔を開ける虫は、キクイムシ、カミキリムシ（幼虫はテッポウムシ）などがよく知られている。蛾の幼虫であるコスカシバはサクラの大害虫である。穿孔性害虫が樹木の中に入ると、幹に孔が開いたり、木の根元に木屑（虫の食べた樹木のくず）が見られるのですぐに分かる。幹にあけた孔から腐れが侵入しやすく、樹木を衰退させ、枯損を引き起こすこともある。健全な木に加害するものから、木が衰弱しない限り加害できないもの（二次的害虫）までいる。

事象例の原因と対応

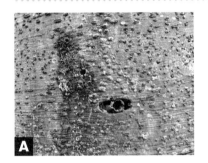

A

B

原因 **現場A、B共通**　現場Aは樹木の幹に虫が潜入した孔がある。こうした孔がある場合の根元には、木屑などが見られることもある。現場Bは、幹に穿孔虫の入った孔道が見られる。穿孔虫の被害は、すぐに樹木が弱るということはなく、ある日突然に樹木が倒れる、あるいは枝が折れるといった被害が発生する。

対策 **現場A、B共通**　被害を発見した場合は、一般的に、虫が開けた孔に①殺虫剤や木酢液を注入する②加熱を施す③孔に針金などを入れて虫を刺殺する――といった方法で駆除する。しかし、注入したが薬剤が虫に届いていない、あるいは薬剤が効かないこともあるので、その後の観察が必要である。まだ虫が生きていると思われる場合は、木酢液に浸した綿などを詰める方法を検討する。

　駆除を行っても食害にあった樹木が元通りに回復することはないので、孔を見つけたら二次被害に遭わないためにも、早めに駆除することが大切である。

植栽で起こる事象

〈参考／主な害虫による被害と除去方法〉

種類	被害の特徴	主な害虫	防除方法
葉を食害	葉や新芽を食害し、4月〜10月にかけて長期に発生する	イラガ、チャドクガ、アメリカシロヒトリ、スズメガ、ハマキムシなどのケムシ、イモムシ類	捕殺または殺虫剤の散布による駆除
樹液を吸う	枝や葉、新芽に寄生し樹液を吸う。4月〜10月に発生し、葉が黄変したり、すす病など他の病気の原因となる	アブラムシ、カイガラムシ、コナジラミ、ハダニなどの吸汁害虫	6月〜7月の幼虫期の薬剤散布による駆除や冬季のマシン油散布
樹内に潜む	枝や幹などの木の内部に潜り込み食害する。樹内が食害されるため、樹勢が衰え枯死に至る	スカシバ、シンクイガなどの蛾の幼虫や、カミキリムシの幼虫	捕殺または木内部への薬剤注入による駆除
根を食害する	根元への産卵により幼虫が多発。根の食害で樹勢が衰えて枯死に至ることもある	コガネムシ、カブトムシなどの幼虫	根元への薬剤注入による駆除

樹木の病害 うどんこ病・赤星病

発生の初期段階なら薬剤散布を

どのような事象？

　うどんこ病とは、植物に「カビ」の菌が住みついて葉が白くなる病気のこと。早期に対応すれば比較的防除が可能な病気だが、対応が遅れると全体に広がる可能性がある。

　赤星病は、「サビ病」と呼ばれるサビ病菌によって葉が変色する病気の一種。バラ科の果樹が被害にあいやすい。感染すると、葉の表面に表れたオレンジ色の斑点が徐々に大きくなるのが特徴。葉の裏に房状の丸く毛羽立った病斑ができ、その先端から胞子を飛ばして移動する。この病斑が、赤みを帯びていて、星のように見えることから名付けられている。

事象例の原因と対応

植栽で起こる事象

A

B

原因　現場A　葉に発生したうどんこ病。うどんこ病の原因は、土や落ち葉の中に潜んでいる糸状菌といわれるカビ。窒素分が多かったり、カリウム分が不足しているとかかりやすくなる。カビが繁殖して白くなった部分は光合成を上手く行えず、放っておくと葉が枯れ、繁殖した菌が他の植物へ移って被害が拡大する。

対策　現場A　発症した部分は回復しないので、早期発見と予防が大切となる。葉に白い斑点を見つけた時は、薄めた酢（酸性）や重曹（アルカリ性）を1週間前後の間隔をあけて噴霧する。うどんこ病にかかってから時間が経ってしまうと、自然治癒が難しくなる。初期段階であれば薬剤を使って繁殖を抑えられるが、症状が進むと葉を切り取らないといけなくなる。葉を整理して適度な湿度と日当たりを確保することや、土の水はけをよくしておくことが大切である。

原因　現場B　赤星病の被害にあった葉。腐って黒褐色の大きな斑点ができ、次第に枯れて行く。サビ病菌はカイヅカイブキなどのビャクシン類を中間宿主として寄生し、冬を過ごす。この時に茶色の塊をつくりだし、その後、そこから胞子を風で飛ばして梨などの寄生植物に着く。3〜6月の暖かい時期に発生しやすく、中間宿主のビャクシン類の近くに樹木を植えると発生しやすくなる。

対策　現場B　発生初期の段階であれば、薬剤を散布して駆除することがでる。被害が拡大して、葉の変色や星形の病斑が現れた時は、葉を切り落とすしかなくなる。感染しやすい樹木の近くにビャクシン類を植えないことが一番の予防となる。剪定や雑草を除去して風通しをよくする、窒素分の多い肥料を控える、土の水はけをよくするなど樹木が健康的に育つ環境をつくることも大切である。

付録 1　白華防止対策

　第 2 章、第 3 章で取り上げた白華防止対策の主だったものを図面で解説する。

- コンクリートブロック塀での白華防止対策
- 煉瓦塀での白華防止対策
- インターロッキングブロック床舗装における白華防止対策
- 床・塀のタイル仕上げにおける白華防止対策

コンクリートブロック塀での白華防止対策

基礎とGL面の位置

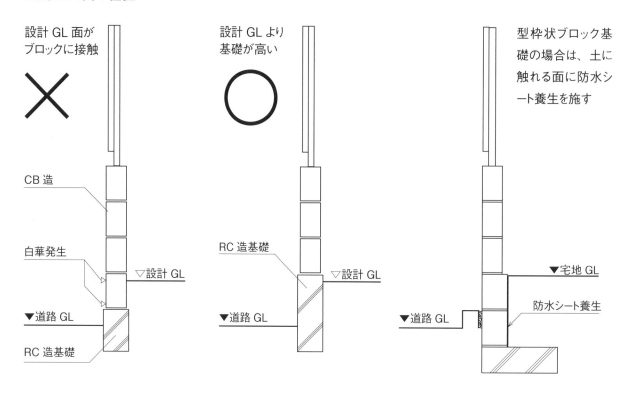

設計 GL 面が
ブロックに接触

✕

CB 造

白華発生

▽設計 GL

▼道路 GL

RC 造基礎

設計 GL より
基礎が高い

◯

RC 造基礎

▽設計 GL

▼道路 GL

型枠状ブロック基
礎の場合は、土に
触れる面に防水シ
ート養生を施す

▼宅地 GL

防水シート養生

▼道路 GL

打ち込み目地ブロックのモルタル充填不足

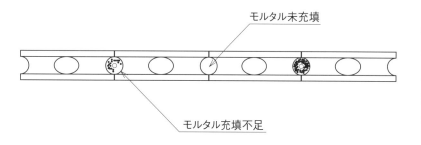

モルタル未充填

モルタル充填不足

打ち込み目地ブロックで施工する場
合は、全ての連結部分に十分なモ
ルタル充填をしないと目地部から雨
水などの浸入があり、白華成分を
流出する

横筋ブロックのモルタル充填不足

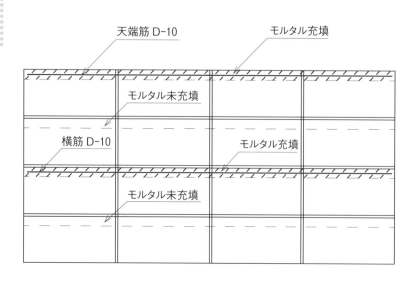

天端筋 D-10

モルタル充填

モルタル未充填

横筋 D-10

モルタル充填

モルタル未充填

最近の施工でよく見られる基本ブロ
ックを使用せずに、横筋ブロックで
全てを施工する場合は、横筋ブロッ
ク各段にモルタル充填をしないと目
地などから雨水などが浸入して、水
の滞留を起こし、白華成分を流出
する

煉瓦塀での白華防止対策

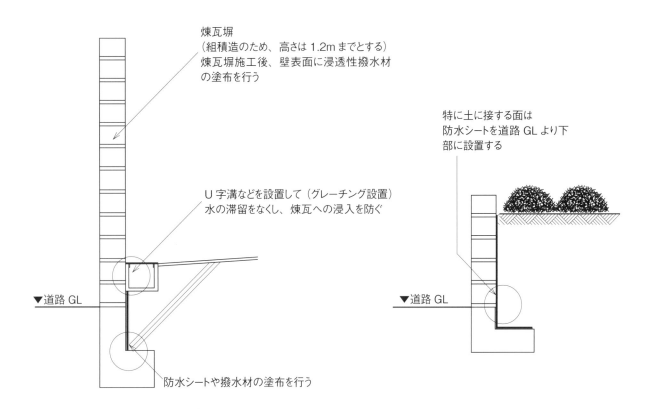

煉瓦塀
（組積造のため、高さは 1.2m までとする）
煉瓦塀施工後、壁表面に浸透性撥水材
の塗布を行う

U 字溝などを設置して（グレーチング設置）
水の滞留をなくし、煉瓦への浸入を防ぐ

特に土に接する面は
防水シートを道路 GL より下
部に設置する

▼道路 GL

▼道路 GL

防水シートや撥水材の塗布を行う

インターロッキングブロック床舗装における白華防止対策

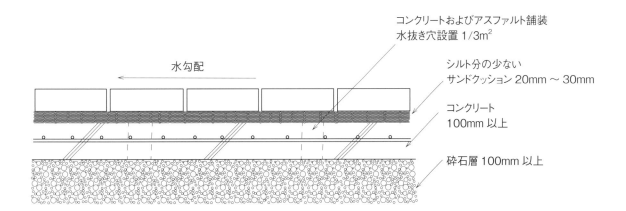

水勾配

コンクリートおよびアスファルト舗装
水抜き穴設置 1/3m²

シルト分の少ない
サンドクッション 20mm ～ 30mm

コンクリート
100mm 以上

砕石層 100mm 以上

床・塀のタイル仕上げにおける白華防止対策

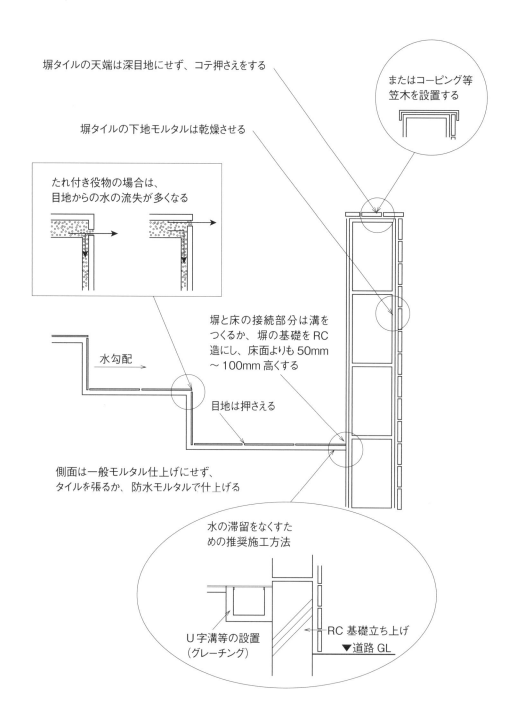

塀タイルの天端は深目地にせず、コテ押さえをする

またはコーピング等
笠木を設置する

塀タイルの下地モルタルは乾燥させる

たれ付き役物の場合は、
目地からの水の流失が多くなる

塀と床の接続部分は溝を
つくるか、塀の基礎をRC
造にし、床面よりも50mm
〜100mm高くする

水勾配

目地は押さえる

側面は一般モルタル仕上げにせず、
タイルを張るか、防水モルタルで仕上げる

水の滞留をなくすた
めの推奨施工方法

U字溝等の設置
（グレーチング）

RC基礎立ち上げ
▼道路GL

付録 2　エクステリア関連法規

- 建築基準法
- 建築基準法施行令
- 平成 12 年 5 月 23 日建設省告示第 1355 号
  補強コンクリートブロック造の塀の構造耐力上の安全性を確かめるための構造計算の基準を定める件
- 建設業法
- 高齢者、障害者等の移動等の円滑化の促進に関する法律
- 高齢者、障害者等の移動等の円滑化の促進に関する法律施行令
- 建築物の耐震改修の促進に関する法律
- 建築物の耐震改修の促進に関する法律施行令
- 民法
- 平成 14 年 5 月 14 日国土交通省告示第 410 号
  アルミニウム合金造の建築物又は建築物の構造部分の構造方法に関する安全上必要な技術的基準を定める件

建築基準法

【建築物とみなすエクステリア】

（用語の定義）

第2条　この法律において次の各号に掲げる用語の意義は、それぞれ当該各号に定めるところによる。

　一　建築物　土地に定着する工作物のうち、屋根及び柱若しくは壁を有するもの（これに類する構造のもの
　　　を含む。）、これに附属する門若しくは塀、観覧のための工作物又は地下若しくは高架の工作物内に設ける
　　　事務所、店舗、興行場、倉庫その他これらに類する施設（鉄道及び軌道の線路敷地内の運転保安に関
　　　する施設並びに跨（こ）線橋、プラットホームの上家、貯蔵槽その他これらに類する施設を除く。）をいい、
　　　建築設備を含むものとする。

　二　以下は略

解説　エクステリア工事に係る屋根及び柱若しくは壁を有するものとこれに付属する門や塀は建築物であることに
　　　　より、建築基準法で示されたすべての事柄に従う義務がある。

【エクステリアのおける確認申請の義務】

（建築物の建築等に関する申請及び確認）

第6条　建築主は、第一号から第三号までに掲げる建築物を建築しようとする場合（増築しようとする場合にお
　　　いては、建築物が増築後において第一号から第三号までに掲げる規模のものとなる場合を含む。）、これらの
　　　建築物の大規模の修繕若しくは大規模の模様替をしようとする場合又は第四号に掲げる建築物を建築しよう
　　　とする場合においては、当該工事に着手する前に、その計画が建築基準関係規定（この法律並びにこれに基
　　　づく命令及び条例の規定（以下「建築基準法令の規定」という。）その他建築物の敷地、構造又は建築設
　　　備に関する法律並びにこれに基づく命令及び条例の規定で政令で定めるものをいう。以下同じ。）に適合する
　　　ものであることについて、確認の申請書を提出して建築主事の確認を受け、確認済証の交付を受けなければ
　　　ならない。当該確認を受けた建築物の計画の変更（国土交通省令で定める軽微な変更を除く。）をして、第
　　　一号から第三号までに掲げる建築物を建築しようとする場合（増築しようとする場合においては、建築物が増
　　　築後において第一号から第三号までに掲げる規模のものとなる場合を含む。）、これらの建築物の大規模の修
　　　繕若しくは大規模の模様替をしようとする場合又は第四号に掲げる建築物を建築しようとする場合も、同様とす
　　　る。

　一～三　略

　四　前三号に掲げる建築物を除くほか、都市計画区域若しくは準都市計画区域（いずれも都道府県知事が
　　　都道府県都市計画審議会の意見を聴いて指定する区域を除く。）若しくは景観法（平成16年法律第110号）
　　　第74条第1項の準景観地区（市町村長が指定する区域を除く。）内又は都道府県知事が関係市町村の
　　　意見を聴いてその区域の全部若しくは一部について指定する区域内における建築物

2　前項の規定は、防火地域及び準防火地域外において建築物を増築し、改築し、又は移転しようとする場合で、
　　その増築、改築又は移転に係る部分の床面積の合計が10m²以内であるときについては、適用しない。

解説　防火地域・準防火地域は全ての建築物で、その他の地域は10m²を超える場合に建築確認を申請する
　　　　義務がある。エクステリア工事においては、柱、屋根、壁を有する物はすべてが対象となる。上記の規
　　　　定に違反したものは、1年以内の懲役または100万円以下の罰金が科せられる。

付録2　関連法規

【みなし道路】【エクステリアにおける突出の禁止】

（道路の定義）

第42条　この章の規定において「道路」とは、次の各号のいずれかに該当する幅員4m（特定行政庁がその地方の気候若しくは風土の特殊性又は土地の状況により必要と認めて都道府県都市計画審議会の議を経て指定する区域内においては、6m。次項及び第3項において同じ。）以上のもの（地下におけるものを除く。）をいう。

一　道路法（昭和27年法律第180号）による道路

二　都市計画法、土地区画整理法（昭和29年法律第119号）、旧住宅地造成事業に関する法律（昭和39年法律第160号）、都市再開発法（昭和44年法律第38号）、新都市基盤整備法（昭和47年法律第86号）、大都市地域における住宅及び住宅地の供給の促進に関する特別措置法（昭和50年法律第67号）又は密集市街地整備法（第6章に限る。以下この項において同じ。）による道路

三　都市計画区域若しくは準都市計画区域の指定若しくは変更又は第68条の9第1項の規定に基づく条例の制定若しくは改正によりこの章の規定が適用されるに至つた際現に存在する道

四　道路法、都市計画法、土地区画整理法、都市再開発法、新都市基盤整備法、大都市地域における住宅及び住宅地の供給の促進に関する特別措置法又は密集市街地整備法による新設又は変更の事業計画のある道路で、2年以内にその事業が執行される予定のものとして特定行政庁が指定したもの

五　土地を建築物の敷地として利用するため、道路法、都市計画法、土地区画整理法、都市再開発法、新都市基盤整備法、大都市地域における住宅及び住宅地の供給の促進に関する特別措置法又は密集市街地整備法によらないで築造する政令で定める基準に適合する道で、これを築造しようとする者が特定行政庁からその位置の指定を受けたもの

2　都市計画区域若しくは準都市計画区域の指定若しくは変更又は第68条の9第1項の規定に基づく条例の制定若しくは改正によりこの章の規定が適用されるに至つた際現に建築物が立ち並んでいる幅員4m未満の道で、特定行政庁の指定したものは、前項の規定にかかわらず、同項の道路とみなし、その中心線からの水平距離2m（同項の規定により指定された区域内においては、3m（特定行政庁が周囲の状況により避難及び通行の安全上支障がないと認める場合は、2m）。以下この項及び次項において同じ。）の線をその道路の境界線とみなす。ただし、当該道がその中心線からの水平距離2m未満で崖地、川、線路敷地その他これらに類するものに沿う場合においては、当該崖地等の道の側の境界線及びその境界線から道の側に水平距離4mの線をその道路の境界線とみなす。

解説　幅員4m未満の道路は、道路としてみなされているだけであり、本来は道路中心線より2m後退した場所が宅地と道路に境界になる。既存塀等を解体して新設する場合は狭あい道路として後退の可能性がある。門扉等を外開きにすることは道路への突出になり、違法設置となる。

【エクステリアの建蔽率】

（建蔽率）

第53条　建築物の建築面積（同一敷地内に2以上の建築物がある場合においては、その建築面積の合計）の敷地面積に対する割合（以下「建蔽率」という。）は、次の各号に掲げる区分に従い、当該各号に定める数値を超えてはならない。

一　第一種低層住居専用地域、第二種低層住居専用地域、第一種中高層住居専用地域、第二種中高層住居専用地域、田園住居地域又は工業専用地域内の建築物　10分の3、10分の4、10分の5又は10分の6のうち当該地域に関する都市計画において定められたもの

二　第一種住居地域、第二種住居地域、準住居地域又は準工業地域内の建築物　10分の5、10分の6又は10分の8のうち当該地域に関する都市計画において定められたもの

三　近隣商業地域内の建築物　10分の6又は10分の8のうち当該地域に関する都市計画において定められたもの

四　商業地域内の建築物　10分の8

五　工業地域内の建築物　10分の5又は10分の6のうち当該地域に関する都市計画において定められたもの

六　用途地域の指定のない区域内の建築物　10分の3、10分の4、10分の5、10分の6又は10分の7のうち、特定行政庁が土地利用の状況等を考慮し当該区域を区分して都道府県都市計画審議会の議を経て定めるもの

解説　カーポートやテラス屋根、ベランダ、サンルーム、物置等は建築物や工作物に当たるために、建蔽率や容積率に加えられる可能性がある。住宅に接続されるテラス屋根等は柱のある場合は全ての面積が建蔽率に加えられる。

建築基準法施行令

【エクステリア製品の水平投影面積の建蔽率への参入】

（面積、高さ等の算定方法）

第2条　次の各号に掲げる面積、高さ及び階数の算定方法は、それぞれ当該各号に定めるところによる。

一　略

二　建築面積　建築物（地階で地盤面上1m以下にある部分を除く。以下この号において同じ。）の外壁又はこれに代わる柱の中心線（軒、ひさし、はね出し縁その他これらに類するもので当該中心線から水平距離1m以上突き出たものがある場合においては、その端から水平距離1m後退した線）で囲まれた部分の水平投影面積による。ただし、国土交通大臣が高い開放性を有すると認めて指定する構造の建築物又はその部分については、その端から水平距離1m以内の部分の水平投影面積は、当該建築物の建築面積に算入しない。

三～八　略

解説　建蔽率で指摘のあった通りに水平投影面積にて建蔽率に加えられる。バルコニー、テラス屋根等で建築物に接続して設置された場合に、柱の設置がないものは高い開放性と認められる。

【石積・レンガ積み等に適用する】

（組積造の施工）

第52条　組積造に使用するれんが、石、コンクリートブロックその他の組積材は、組積するに当たつて充分に水洗いをしなければならない。

2　組積材は、その目地塗面の全部にモルタルが行きわたるように組積しなければならない。

3　前項のモルタルは、セメントモルタルでセメントと砂との容積比が1対3のもの若しくはこれと同等以上の強度を有するもの又は石灰入りセメントモルタルでセメントと石灰と砂との容積比が1対2対5のもの若しくはこれと同等以上の強度を有するものとしなければならない。

4　組積材は、芋目地ができないように組積しなければならない。

（組積造のへい）

第61条　組積造のへいは、次の各号に定めるところによらなければならない。

一　高さは、1.2m 以下とすること。

二　各部分の壁の厚さは、その部分から壁頂までの垂直距離の 10 分の 1 以上とすること。

三　長さ 4m 以下ごとに、壁面からその部分における壁の厚さの 1.5 倍以上突出した控壁（木造のものを除く。）を設けること。ただし、その部分における壁の厚さが前号の規定による壁の厚さの 1.5 倍以上ある場合においては、この限りでない。

四　基礎の根入れの深さは、20cm 以上とすること。

解説　組積造には、煉瓦積みや自然石積みがある。

【コンクリートブロック積塀のすべてに適用する】

（目地及び空胴部）

第 62 条の 6　コンクリートブロックは、その目地塗面の全部にモルタルが行きわたるように組積し、鉄筋を入れた空胴部及び縦目地に接する空胴部は、モルタル又はコンクリートで埋めなければならない。

2　補強コンクリートブロック造の耐力壁、門又はへいの縦筋は、コンクリートブロックの空胴部内で継いではならない。ただし、溶接接合その他これと同等以上の強度を有する接合方法による場合においては、この限りでない。

（塀）

第 62 条の 8　補強コンクリートブロック造の塀は、次の各号（高さ 1.2m 以下の塀にあつては、第五号及び第七号を除く。）に定めるところによらなければならない。ただし、国土交通大臣が定める基準に従つた構造計算によつて構造耐力上安全であることが確かめられた場合においては、この限りでない。

一　高さは、2.2m 以下とすること。

二　壁の厚さは、15cm（高さ 2m 以下の塀にあつては、10cm）以上とすること。

三　壁頂及び基礎には横に、壁の端部及び隅角部には縦に、それぞれ径 9mm 以上の鉄筋を配置すること。

四　壁内には、径 9mm 以上の鉄筋を縦横に 80cm 以下の間隔で配置すること。

五　長さ 3.4m 以下ごとに、径 9mm 以上の鉄筋を配置した控壁で基礎の部分において壁面から高さの 5 分の 1 以上突出したものを設けること。

六　第三号及び第四号の規定により配置する鉄筋の末端は、かぎ状に折り曲げて、縦筋にあつては壁頂及び基礎の横筋に、横筋にあつてはこれらの縦筋に、それぞれかぎ掛けして定着すること。ただし、縦筋をその径の 40 倍以上基礎に定着させる場合にあつては、縦筋の末端は、基礎の横筋にかぎ掛けしないことができる。

七　基礎の丈は、35cm 以上とし、根入れの深さは 30cm 以上とすること。

平成 12 年 5 月 23 日建設省告示第 1355 号

補強コンクリートブロック造の塀の構造耐力上の安全性を確かめるための構造計算の基準を定める件

建築基準法施行令（以下「令」という。）第 62 条の 8 ただし書に規定する補強コンクリートブロック造の塀の安全性を確かめるための構造計算の基準は、次のとおりとする。

一　補強コンクリートブロック造の塀の風圧力に関する構造計算は、次に定めるところによること。

イ　令第 87 条第 2 項の規定に準じて計算した速度圧に、同条第 4 項の規定に準じて定めた風力係数を乗じて得た風圧力に対して構造耐力上安全であることを確かめること。

ロ　必要に応じ、風向と直角方向に作用する風圧力に対して構造耐力上安全であることを確かめること。

二　補強コンクリートブロック造の塀の地震力に関する構造計算は、次に定めるところによること。

イ　補強コンクリートブロック造の塀の地上部分の各部分の高さに応じて次の表に掲げる式によって計算した地震力により生ずる曲げモーメント及びせん断力に対して構造耐力上安全であることを確かめること。

曲げモーメント（単位　N・m）	0.4hCsiW
せん断力（単位　N）	CsiW

この表において、h、Csi 及び W は、それぞれ次の数値を表すものとする。

h　補強コンクリートブロック造の塀の地盤面からの高さ（単位　m）

Csi　補強コンクリートブロック造の塀の地上部分の高さ方向の力の分布を表す係数で、計算しようとする当該補強コンクリートブロック造の塀の部分の高さに応じて次の式に適合する数値

$$Csi \geq 0.3Z\left(1 - \frac{hi}{h}\right)$$

この式において、Z 及び hi は、それぞれ次の数値を表すものとする。

Z　令第 88 条第 1 項に規定する Z の数値

hi　補強コンクリートブロック造の塀の地上部分の各部分の地盤面からの高さ（単位　m）

W　補強コンクリートブロック造の塀の固定荷重と積載荷重との和（単位　N）

ロ　補強コンクリートブロック造の塀の地下部分は、地下部分に作用する地震力により生ずる力及び地上部分から伝えられる地震力により生ずる力に対して構造耐力上安全であることを確かめること。この場合において、地下部分に作用する地震力は、補強コンクリートブロック造の塀の地下部分の固定荷重と積載荷重との和に次の式に適合する水平震度を乗じて計算するものとする。

k≥0.1（1－H/40）Z

この式において、k、H 及び Z は、それぞれ次の数値を表すものとする。）

k　水平震度

H　補強コンクリートブロック造の塀の地下部分の各部分の地盤面からの深さ（20 を超えるときは、20 とする。）（単位　m）

Z　令第 88 条第 1 項に規定する Z の数値

【鉄筋コンクリート造】

（適用の範囲）

第 71 条　この節の規定は、鉄筋コンクリート造の建築物又は鉄筋コンクリート造と鉄骨造その他の構造とを併用する建築物の鉄筋コンクリート造の構造部分に適用する。

2　高さが 4m 以下で、かつ、延べ面積が 30m² 以内の建築物又は高さが 3m 以下のへいについては、この節の規定中第 72 条、第 75 条及び第 79 条の規定に限り適用する。

（コンクリートの材料）

第 72 条　鉄筋コンクリート造に使用するコンクリートの材料は、次の各号に定めるところによらなければならない。

一　骨材、水及び混和材料は、鉄筋をさびさせ、又はコンクリートの凝結及び硬化を妨げるような酸、塩、有機物又は泥土を含まないこと。

二　骨材は、鉄筋相互間及び鉄筋とせき板との間を容易に通る大きさであること。

三　骨材は、適切な粒度及び粒形のもので、かつ、当該コンクリートに必要な強度、耐久性及び耐火性が得られるものであること。

（コンクリートの養生）

第75条　コンクリート打込み中及び打込み後5日間は、コンクリートの温度が2度を下らないようにし、かつ、乾燥、震動等によつてコンクリートの凝結及び硬化が妨げられないように養生しなければならない。ただし、コンクリートの凝結及び硬化を促進するための特別の措置を講ずる場合においては、この限りでない。

（鉄筋のかぶり厚さ）

第79条　鉄筋に対するコンクリートのかぶり厚さは、耐力壁以外の壁又は床にあつては2cm以上、耐力壁、柱又ははりにあつては3cm以上、直接土に接する壁、柱、床若しくははり又は布基礎の立上り部分にあつては4cm以上、基礎（布基礎の立上り部分を除く。）にあつては捨コンクリートの部分を除いて6cm以上としなければならない。

2　前項の規定は、水、空気、酸又は塩による鉄筋の腐食を防止し、かつ、鉄筋とコンクリートとを有効に付着させることにより、同項に規定するかぶり厚さとした場合と同等以上の耐久性及び強度を有するものとして、国土交通大臣が定めた構造方法を用いる部材及び国土交通大臣の認定を受けた部材については、適用しない。

解説　補強コンクリートブロック造や鉄筋コンクリート造の塀に関しての基準は上記だけであるが、鉄筋かぎ掛けや控壁、配筋ピッチ、ブロック正味厚さ等に関しては、一般社団法人日本建築学会より国土交通大臣が定める基準に従った構造計算によって構造耐力上安全である内容の基準を出している。自治体等への確認は必要になるが、基準として参考になる内容である。

【工作物】

（工作物の指定）

第138条　煙突、広告塔、高架水槽、擁壁その他これらに類する工作物で法第88条第1項の規定により政令で指定するものは、次に掲げるもの（鉄道及び軌道の線路敷地内の運転保安に関するものその他他の法令の規定により法及びこれに基づく命令の規定による規制と同等の規制を受けるものとして国土交通大臣が指定するものを除く。）とする。

一～四　略

五　高さが2mを超える擁壁

（擁壁）

第142条　第138条第1項に規定する工作物のうち同項第五号に掲げる擁壁（以下この条において単に「擁壁」という。）に関する法第88条第1項において読み替えて準用する法第20条第1項の政令で定める技術的基準は、次に掲げる基準に適合する構造方法又はこれと同等以上に擁壁の破壊及び転倒を防止することができるものとして国土交通大臣が定めた構造方法を用いることとする。

一　鉄筋コンクリート造、石造その他これらに類する腐食しない材料を用いた構造とすること。

二　石造の擁壁にあつては、コンクリートを用いて裏込めし、石と石とを十分に結合すること。

三　擁壁の裏面の排水を良くするため、水抜穴を設け、かつ、擁壁の裏面の水抜穴の周辺に砂利その他これに類するものを詰めること。

四　次項において準用する規定（第7章の8（第136条の6を除く。）の規定を除く。）に適合する構造方法を用いること。

五　その用いる構造方法が、国土交通大臣が定める基準に従つた構造計算によつて確かめられる安全性を有すること。

2　擁壁については、第36条の3、第37条、第38条、第39条第1項及び第2項、第51条第1項、第62条、第71条第1項、第72条、第73条第1項、第74条、第75条、第79条、第80条（第51条第1項、

第62条、第71条第1項、第72条、第74条及び第75条の準用に関する部分に限る。）、第80条の2並びに第7章の8（第136条の6を除く。）の規定を準用する。

建築基準法

（工作物への準用）

第88条　煙突、広告塔、高架水槽、擁壁その他これらに類する工作物で政令で指定するもの及び昇降機、ウォーターシュート、飛行塔その他これらに類する工作物で政令で指定するもの（以下この項において「昇降機等」という。）については、第3条、第6条（第3項、第5項及び第6項を除くものとし、第1項及び第4項は、昇降機等については第1項第一号から第三号までの建築物に係る部分、その他のものについては同項第四号の建築物に係る部分に限る。）、第6条の2（第3項を除く。）、第6条の4（第1項第一号及び第二号の建築物に係る部分に限る。）、第7条から第7条の4まで、第7条の5（第6条の4第1項第一号及び第二号の建築物に係る部分に限る。）、第8条から第11条まで、第12条第5項（第三号を除く。）及び第6項から第9項まで、第13条、第15条の2、第18条（第4項から第13項まで及び第24項を除く。）、第20条、第28条の2（同条各号に掲げる基準のうち政令で定めるものに係る部分に限る。）、第32条、第33条、第34条第1項、第36条（避雷設備及び昇降機に係る部分に限る。）、第37条、第38条、第40条、第3章の2（第68条の20第2項については、同項に規定する建築物以外の認証型式部材等に係る部分に限る。）、第86条の7第1項（第28条の2（第86条の7第1項の政令で定める基準に係る部分に限る。）に係る部分に限る。）、第86条の7第2項（第20条に係る部分に限る。）、第86条の7第3項（第32条、第34条第1項及び第36条（昇降機に係る部分に限る。）に係る部分に限る。）、前条、次条並びに第90条の規定を、昇降機等については、第7条の6、第12条第1項から第4項まで、第12条の2、第12条の3及び第18条第24項の規定を準用する。この場合において、第20条第1項中「次の各号に掲げる建築物の区分に応じ、それぞれ当該各号に定める基準」とあるのは、「政令で定める技術的基準」と読み替えるものとする。

2〜4　略

（構造耐力）

第20条　建築物は、自重、積載荷重、積雪荷重、風圧、土圧及び水圧並びに地震その他の震動及び衝撃に対して安全な構造のものとして、次の各号に掲げる建築物の区分に応じ、それぞれ当該各号に定める基準に適合するものでなければならない。

　一〜四　略

2　略

建設業法

（定義）

第2条　この法律において「建設工事」とは、土木建築に関する工事で別表第一の上欄に掲げるものをいう。

2　略

3　この法律において「建設業者」とは、第3条第1項の許可を受けて建設業を営む者をいう。

4〜5　略

（建設業の許可）

第3条　建設業を営もうとする者は、次に掲げる区分により、この章で定めるところにより、2以上の都道府県の区域内に営業所（本店又は支店若しくは政令で定めるこれに準ずるものをいう。以下同じ。）を設けて営業を

しようとする場合にあつては国土交通大臣の、一の都道府県の区域内にのみ営業所を設けて営業をしようと
する場合にあつては当該営業所の所在地を管轄する都道府県知事の許可を受けなければならない。ただし、
政令で定める軽微な建設工事のみを請け負うことを営業とする者は、この限りでない。

　一　建設業を営もうとする者であつて、次号に掲げる者以外のもの

　二　建設業を営もうとする者であつて、その営業にあたつて、その者が発注者から直接請け負う1件の建設
　　　工事につき、その工事の全部又は一部を、下請代金の額（その工事に係る下請契約が2以上あるときは、
　　　下請代金の額の総額）が政令で定める金額以上となる下請契約を締結して施工しようとするもの

2　前項の許可は、別表第一の上欄に掲げる建設工事の種類ごとに、それぞれ同表の下欄に掲げる建設業に
　分けて与えるものとする。

3　第1項の許可は、5年ごとにその更新を受けなければ、その期間の経過によつて、その効力を失う。

4　前項の更新の申請があつた場合において、同項の期間（以下「許可の有効期間」という。）の満了の日ま
　でにその申請に対する処分がされないときは、従前の許可は、許可の有効期間の満了後もその処分がされる
　までの間は、なおその効力を有する。

5　前項の場合において、許可の更新がされたときは、その許可の有効期間は、従前の許可の有効期間の満
　了の日の翌日から起算するものとする。

6　第1項第一号に掲げる者に係る同項の許可（第3項の許可の更新を含む。以下「一般建設業の許可」と
　いう。）を受けた者が、当該許可に係る建設業について、第1項第二号に掲げる者に係る同項の許可（第3
　項の許可の更新を含む。以下「特定建設業の許可」という。）を受けたときは、その者に対する当該建設業
　に係る一般建設業の許可は、その効力を失う。

別表第一

土木一式工事	土木工事業
建築一式工事	建築工事業
大工工事	大工工事業
左官工事	左官工事業
とび・土工・コンクリート工事	とび・土工工事業
石工事	石工事業
屋根工事	屋根工事業
電気工事	電気工事業
管工事	管工事業
タイル・れんが・ブロツク工事	タイル・れんが・ブロツク工事業
鋼構造物工事	鋼構造物工事業
鉄筋工事	鉄筋工事業
舗装工事	舗装工事業
しゆんせつ工事	しゆんせつ工事業
板金工事	板金工事業
ガラス工事	ガラス工事業
塗装工事	塗装工事業
防水工事	防水工事業
内装仕上工事	内装仕上工事業
機械器具設置工事	機械器具設置工事業
熱絶縁工事	熱絶縁工事業
電気通信工事	電気通信工事業
造園工事	造園工事業
さく井工事	さく井工事業

建具工事	建具工事業
水道施設工事	水道施設工事業
消防施設工事	消防施設工事業
清掃施設工事	清掃施設工事業
解体工事	解体工事業

建設業許可事務ガイドラインについて

（平成 13 年 4 月 3 日国総建第 97 号　総合政策局建設業課長から地方整備局建政部長等あて）

最終改正令和元年 9 月 6 日国土建第 227 号

　国土交通大臣に係る建設業許可事務の取扱い等について、別添のとおりとりまとめたので、今後の事務処理に当たって遺漏のないよう取り扱われたい。

【第 2 条関係】

1. 第 2 条第 1 項の別表第一の上欄に掲げる建設工事について

　　建設業法（昭和 24 年法律第 100 号。以下「法」という。）第 2 条第 1 項の別表第一の上欄に掲げる建設工事については、昭和 47 年 3 月 8 日建設省告示第 350 号をもってその内容を示しているところであるが、その具体的な例は、別表 1 のとおりである。

　（以下略）

2. 許可業種区分の考え方について

　　各業種における類似した建設工事の区分の考え方等については、次のとおりである。

（1）〜（3）略

（4）とび・土工・コンクリート工事

　　① 『とび・土工・コンクリート工事』における「コンクリートブロック据付け工事」並びに『石工事』及び『タイル・れんが・ブロツク工事』における「コンクリートブロック積み（張り）工事」間の区分の考え方は以下のとおりである。根固めブロック、消波ブロックの据付け等土木工事において規模の大きいコンクリートブロックの据付けを行う工事、プレキャストコンクリートの柱、梁等の部材の設置工事等が『とび・土工・コンクリート工事』における「コンクリートブロック据付け工事」である。建築物の内外装として擬石等をはり付ける工事や法面処理、又は擁壁としてコンクリートブロックを積み、又ははり付ける工事等が『石工事』における「コンクリートブロック積み（張り）工事」である。コンクリートブロックにより建築物を建設する工事等が『タイル・れんが・ブロツク工事』における「コンクリートブロック積み（張り）工事」であり、エクステリア工事としてこれを行う場合を含む。

　　②〜⑨　略

（5）石工事

　　『とび・土工・コンクリート工事』における「コンクリートブロック据付け工事」並びに『石工事』及び『タイル・れんが・ブロツク工事』における「コンクリートブロック積み（張り）工事」間の区分の考え方は以下のとおりである。根固めブロック、消波ブロックの据付け等土木工事において規模の大きいコンクリートブロックの据付けを行う工事、プレキャストコンクリートの柱、梁等の部材の設置工事等が『とび・土工・コンクリート工事』における「コンクリートブロック据付け工事」である。建築物の内外装として擬石等をはり付ける工事や法面処理、又は擁壁としてコンクリートブロックを積み、又ははり付ける工事等が『石工事』における「コンクリートブロック積み（張り）工事」である。コンクリートブロックにより建築物を建設する工事等が『タイル・れんが・ブロツク工事』における「コンクリートブロック積み（張り）工事」であり、エクステリア工事としてこれを行う場合を含む。

（6）〜（8）　略

(9) タイル・れんが・ブロツク工事

　①〜②　略

　③『とび・土工・コンクリート工事』における「コンクリートブロック据付け工事」並びに『石工事』及び『タイル・れんが・ブロック工事』における「コンクリートブロック積み（張り）工事」間の区分の考え方は以下のとおりである。根固めブロック、消波ブロックの据付け等土木工事において規模の大きいコンクリートブロックの据付けを行う工事、プレキャストコンクリートの柱、梁等の部材の設置工事等が『とび・土工・コンクリート工事』における「コンクリートブロック据付け工事」である。<u>建築物の内外装として擬石等をはり付ける工事や法面処理、又は擁壁としてコンクリートブロックを積み、又ははり付ける工事等が『石工事』における「コンクリートブロック積み（張り）工事」である。コンクリートブロックにより建築物を建設する工事等が『タイル・れんが・ブロック工事』における「コンクリートブロック積み（張り）工事」であり、エクステリア工事としてこれを行う場合を含む。</u>

(10) 〜（11）　略

(12) 舗装工事

　①舗装工事と併せて施工されることが多いガードレール設置工事については、工事の種類としては『舗装工事』ではなく『とび・土工・コンクリート工事』に該当する。

　②　人工芝張付け工事については、地盤面をコンクリート等で舗装した上にはり付けるものは『舗装工事』に該当する。

(13) 〜（18）　略

(19) 造園工事

　①「植栽工事」には、植生を復元する建設工事が含まれる。

　②「広場工事」とは、修景広場、芝生広場、運動広場その他の広場を築造する工事であり、「園路工事」とは、公園内の遊歩道、緑道等を建設する工事である。

　③「公園設備工事」には、花壇、噴水その他の修景施設、休憩所その他の休養施設、遊戯施設、便益施設等の建設工事が含まれる。

　④「屋上等緑化工事」とは、建築物の屋上、壁面等を緑化する建設工事である。

　⑤「緑地育成工事」とは、樹木、芝生、草花等の植物を育成する建設工事であり、土壌改良や支柱の設置等を伴って行う工事である。

(20) 〜（23）　略

【第3条関係】　略

【第3条の2関係】　略

【第4条関係】　略

【第5条及び第6条関係】　略

【第7条関係】　略

【第8条関係】　略

【第9条関係】　略

【第10条関係】　略

【第11条関係】　略

【第12条関係】　略

【第15条関係】　略

【第29条の2及び第29条の5関係】　略

【その他】　略

別表1

建設工事の種類	建設工事の例示
土木一式工事	
建築一式工事	
大工工事	大工工事、型枠工事、造作工事
左官工事	左官工事、モルタル工事、モルタル防水工事、吹付け工事、とぎ出し工事、洗い出し工事
とび・土工・コンクリート工事	イ　とび工事、ひき工事、足場等仮設工事、重量物のクレーン等による揚重運搬配置工事、鉄骨組立て工事、コンクリートブロック据付け工事 ロ　くい工事、くい打ち工事、くい抜き工事、場所打ぐい工事 ハ　土工事、掘削工事、根切り工事、発破工事、盛土工事 ニ　コンクリート工事、コンクリート打設工事、コンクリート圧送工事、プレストレストコンクリート工事 ホ　地すべり防止工事、地盤改良工事、ボーリンググラウト工事、土留め工事、仮締切り工事、吹付け工事、法面保護工事、道路付属物設置工事、屋外広告物設置工事、捨石工事、外構工事、はつり工事、切断穿孔工事、アンカー工事、あと施工アンカー工事、潜水工事
石工事	石積み（張り）工事、コンクリートブロック積み（張り）工事
屋根工事	屋根ふき工事
電気工事	発電設備工事、送配電線工事、引込線工事、変電設備工事、構内電気設備（非常用電気設備を含む。）工事、照明設備工事、電車線工事、信号設備工事、ネオン装置工事
管工事	冷暖房設備工事、冷凍冷蔵設備工事、空気調和設備工事、給排水・給湯設備工事、厨房設備工事、衛生設備工事、浄化槽工事、水洗便所設備工事、ガス管配管工事、ダクト工事、管内更生工事
タイル・れんが・ブロック工事	コンクリートブロック積み（張り）工事、レンガ積み（張り）工事、タイル張り工事、築炉工事、スレート張り工事、サイディング工事
鋼構造物工事	鉄骨工事、橋梁工事、鉄塔工事、石油、ガス等の貯蔵用タンク設置工事、屋外広告工事、閘門、水門等の門扉設置工事
鉄筋工事	鉄筋加工組立て工事、鉄筋継手工事
舗装工事	アスファルト舗装工事、コンクリート舗装工事、ブロック舗装工事、路盤築造工事
しゅんせつ工事	しゅんせつ工事
板金工事	板金加工取付け工事、建築板金工事
ガラス工事	ガラス加工取付け工事、ガラスフィルム工事
塗装工事	塗装工事、溶射工事、ライニング工事、布張り仕上工事、鋼構造物塗装工事、路面標示工事
防水工事	アスファルト防水工事、モルタル防水工事、シーリング工事、塗膜防水工事、シート防水工事、注入防水工事
内装仕上工事	インテリア工事、天井仕上工事、壁張り工事、内装間仕切り工事、床仕上工事、たたみ工事、ふすま工事、家具工事、防音工事
機械器具設置工事	プラント設備工事、運搬機器設置工事、内燃力発電設備工事、集塵機器設置工事、給排気機器設置工事、揚排水機器設置工事、ダム用仮設備工事、遊技施設設置工事、舞台装置設置工事、サイロ設置工事、立体駐車設備工事
熱絶縁工事	冷暖房設備、冷凍冷蔵設備、動力設備又は燃料工業、化学工業等の設備の熱絶縁工事、ウレタン吹付け断熱工事

電気通信工事	有線電気通信設備工事、無線電気通信設備工事、データ通信設備工事、情報処理設備工事、情報収集設備工事、情報表示設備工事、放送機械設備工事、TV電波障害防除設備工事
造園工事	植栽工事、地被工事、景石工事、地ごしらえ工事、公園設備工事、広場工事、園路工事、水景工事、屋上等緑化工事、緑地育成工事
さく井工事	さく井工事、観測井工事、還元井工事、温泉掘削工事、井戸築造工事、さく孔工事、石油掘削工事、天然ガス掘削工事、揚水設備工事
建具工事	金属製建具取付け工事、サッシ取付け工事、金属製カーテンウォール取付け工事、シャッター取付け工事、自動ドアー取付け工事、木製建具取付け工事、ふすま工事
水道施設工事	取水施設工事、浄水施設工事、配水施設工事、下水処理設備工事
消防施設工事	屋内消火栓設置工事、スプリンクラー設置工事、水噴霧、泡、不燃性ガス、蒸発性液体又は粉末による消火設備工事、屋外消火栓設置工事、動力消防ポンプ設置工事、火災報知設備工事、漏電火災警報器設置工事、非常警報設備工事、金属製避難はしご、救助袋、緩降機、避難橋又は排煙設備の設置工事
清掃施設工事	ごみ処理施設工事、し尿処理施設工事
解体工事	工作物解体工事

高齢者、障害者等の移動等の円滑化の促進に関する法律

（バリアフリー新法）

（目的）
第1条　この法律は、高齢者、障害者等の自立した日常生活及び社会生活を確保することの重要性にかんがみ、公共交通機関の旅客施設及び車両等、道路、路外駐車場、公園施設並びに建築物の構造及び設備を改善するための措置、一定の地区における旅客施設、建築物等及びこれらの間の経路を構成する道路、駅前広場、通路その他の施設の一体的な整備を推進するための措置その他の措置を講ずることにより、高齢者、障害者等の移動上及び施設の利用上の利便性及び安全性の向上の促進を図り、もって公共の福祉の増進に資することを目的とする。

（基本理念）
第1条の2　この法律に基づく措置は、高齢者、障害者等にとって日常生活又は社会生活を営む上で障壁となるような社会における事物、制度、慣行、観念その他一切のものの除去に資すること及び全ての国民が年齢、障害の有無その他の事情によって分け隔てられることなく共生する社会の実現に資することを旨として、行われなければならない。

高齢者、障害者等の移動等の円滑化の促進に関する法律施行令

（バリアフリー新法施行令）

（敷地内の通路）
第16条　不特定かつ多数の者が利用し、又は主として高齢者、障害者等が利用する敷地内の通路は、次に掲げるものでなければならない。

一　表面は、粗面とし、又は滑りにくい材料で仕上げること。

二　段がある部分は、次に掲げるものであること。

　イ　手すりを設けること。

　ロ　踏面の端部とその周囲の部分との色の明度、色相又は彩度の差が大きいことにより段を容易に識別できるものとすること。

　ハ　段鼻の突き出しその他のつまずきの原因となるものを設けない構造とすること。

三　傾斜路は、次に掲げるものであること。

　イ　勾配が12分の1を超え、又は高さが16cmを超え、かつ、勾配が20分の1を超える傾斜がある部分には、手すりを設けること。

　ロ　その前後の通路との色の明度、色相又は彩度の差が大きいことによりその存在を容易に識別できるものとすること。

解説　第1章材料の基礎知識と留意事項の「ユニバーサルデザイン」1. 基準（p.34）も参照。

建築物の耐震改修の促進に関する法律

（目的）

第1条　この法律は、地震による建築物の倒壊等の被害から国民の生命、身体及び財産を保護するため、建築物の耐震改修の促進のための措置を講ずることにより建築物の地震に対する安全性の向上を図り、もって公共の福祉の確保に資することを目的とする。

（定義）

第2条　この法律において「耐震診断」とは、地震に対する安全性を評価することをいう。

2　この法律において「耐震改修」とは、地震に対する安全性の向上を目的として、増築、改築、修繕、模様替若しくは一部の除却又は敷地の整備をすることをいう。

3　この法律において「所管行政庁」とは、建築主事を置く市町村又は特別区の区域については当該市町村又は特別区の長をいい、その他の市町村又は特別区の区域については都道府県知事をいう。ただし、建築基準法（昭和25年法律第201号）第97条の2第1項又は第97条の3第1項の規定により建築主事を置く市町村又は特別区の区域内の政令で定める建築物については、都道府県知事とする。

建築物の耐震改修の促進に関する法律施行令

（通行障害建築物の要件）

第4条　法第5条第3項第二号の政令で定める建築物は、次に掲げるものとする。

一　そのいずれかの部分の高さが、当該部分から前面道路の境界線までの水平距離に、次のイ又はロに掲げる場合の区分に応じ、それぞれ当該イ又はロに定める距離（これによることが不適当である場合として国土交通省令で定める場合においては、当該前面道路の幅員が12m以下のときは6mを超える範囲において、当該前面道路の幅員が12mを超えるときは6m以上の範囲において、国土交通省令で定める距離）を加えた数値を超える建築物（次号に掲げるものを除く。）

　イ　当該前面道路の幅員が12m以下の場合　6m

　ロ　当該前面道路の幅員が12mを超える場合　当該前面道路の幅員の2分の1に相当する距離

二　その前面道路に面する部分の長さが25m（これによることが不適当である場合として国土交通省令で定

める場合においては、8m 以上 25m 未満の範囲において国土交通省令で定める長さ）を超え、かつ、その前面道路に面する部分のいずれかの高さが、当該部分から当該前面道路の境界線までの水平距離に当該前面道路の幅員の2分の1に相当する距離（これによることが不適当である場合として国土交通省令で定める場合においては、2m 以上の範囲において国土交通省令で定める距離）を加えた数値を 2.5 で除して得た数値を超える組積造の塀であって、建物（土地に定着する工作物のうち屋根及び柱又は壁を有するもの（これに類する構造のものを含む。）をいう。）に附属するもの

解説 道路に面したブロック塀等が転倒や倒壊をした場合に、前面道路の過半を閉塞する恐れのある道路中心線からの距離の1/ 2.5 を超える塀（長さ25m 以上）の診断義務が追加された。今後の新設は、この基準を加味して設置を心掛けたい。

民法 （2020 年 2 月 1 日現在において施行されている内容）

（隣地の使用請求）
第 209 条　土地の所有者は、境界又はその付近において障壁又は建物を築造し又は修繕するため必要な範囲内で、隣地の使用を請求することができる。ただし、隣人の承諾がなければ、その住家に立ち入ることはできない。
2　前項の場合において、隣人が損害を受けたときは、その償金を請求することができる。

解説 隣地境界付近での工事等において、所有者の承諾を基に使用することが可能

（自然水流に対する妨害の禁止）
第 214 条　土地の所有者は、隣地から水が自然に流れて来るのを妨げてはならない。

（水流の障害の除去）
第 215 条　水流が天災その他避けることのできない事変により低地において閉塞（そく）したときは、高地の所有者は、自己の費用で、水流の障害を除去するため必要な工事をすることができる。

（雨水を隣地に注ぐ工作物の設置の禁止）
第 218 条　土地の所有者は、直接に雨水を隣地に注ぐ構造の屋根その他の工作物を設けてはならない。

（囲障の設置）
第 225 条　2 棟の建物がその所有者を異にし、かつ、その間に空地があるときは、各所有者は、他の所有者と共同の費用で、その境界に囲障を設けることができる。
2　当事者間に協議が調わないときは、前項の囲障は、板塀又は竹垣その他これらに類する材料のものであって、かつ、高さ2m のものでなければならない。

（囲障の設置及び保存の費用）
第 226 条　前条の囲障の設置及び保存の費用は、相隣者が等しい割合で負担する。

（相隣者の一人による囲障の設置）
第 227 条　相隣者の一人は、第 225 条第 2 項に規定する材料より良好なものを用い、又は同項に規定する高さを増して囲障を設けることができる。ただし、これによって生ずる費用の増加額を負担しなければならない。

（囲障の設置等に関する慣習）
第228条　前三条の規定と異なる慣習があるときは、その慣習に従う。

（境界標等の共有の推定）
第229条　境界線上に設けた境界標、囲障、障壁、溝及び堀は、相隣者の共有に属するものと推定する。

解説　境界線上に設けられたブロック塀等は共有になる。

（竹木の枝の切除及び根の切取り）
第233条　隣地の竹木の枝が境界線を越えるときは、その竹木の所有者に、その枝を切除させることができる。
2　隣地の竹木の根が境界線を越えるときは、その根を切り取ることができる。

（共有物の変更）
第251条　各共有者は、他の共有者の同意を得なければ、共有物に変更を加えることができない。

解説　隣地境界塀等に共有者の同意を得ず、塗装やタイルを張ることができない。

（境界線付近の建築の制限）
第234条　建物を築造するには、境界線から五十センチメートル以上の距離を保たなければならない。
2　前項の規定に違反して建築をしようとする者があるときは、隣地の所有者は、その建築を中止させ、又は変更させることができる。ただし、建築に着手した時から一年を経過し、又はその建物が完成した後は、損害賠償の請求のみをすることができる。

参考　アルミニウム製品の柱は、平成14年国土交通省告示第410号によって柱幅以上のコンクリートのかぶり厚さが必要になることで、隣地境界より柱幅以上の後退が必要になる。

平成14年5月14日国土交通省告示第410号
アルミニウム合金造の建築物又は建築物の構造部分の構造方法に関する安全上必要な技術的基準を定める件

　建築基準法施行令（昭和25年政令第338号）第80条の2第二号の規定に基づき、アルミニウム合金造の建築物又は建築物の構造部分の構造方法に関する安全上必要な技術的基準を第1から第8までに定め、及び同令第36条第2項第二号の規定に基づき、アルミニウム合金造の建築物又は建築物の構造部分の構造方法に関する安全上必要な技術的基準のうち耐久性等関係規定を第9に指定する。
第1〜3　省略
第4　柱の脚部
　構造耐力上主要な部分である柱の脚部は、次に定めるところにより基礎に緊結しなければならない。ただし、令第82条に規定する許容応力度等計算（令第82条第四号及び令第82条の5を除く。）によつて安全性が確かめられた場合又は滑節構造である場合においては、この限りでない。
　一〜二　省略
　三　埋込み形式柱脚にあっては、次に適合するものであること。
　　イ　コンクリートへの柱の埋込み部分の深さが柱幅の2倍以上であること。

ロ　側柱又は隅柱の柱脚にあっては、径 9mm 以上の U 字形の補強筋その他これに類するものにより補強
　　　されていること。
　　ハ　埋込み部分のアルミニウム合金部材に対するコンクリートのかぶり厚さがアルミニウム合金材の柱幅以上
　　　であること。ただし、第 82 条第一号から第三号までに定める構造計算によって安全性が確かめられた場
　　　合においては、この限りでない。

（境界線付近の建築の制限）
第 235 条　境界線から 1m 未満の距離において他人の宅地を見通すことのできる窓又は縁側（ベランダを含む。
　　次項において同じ。）を設ける者は、目隠しを付けなければならない。
2　前項の距離は、窓又は縁側の最も隣地に近い点から垂直線によって境界線に至るまでを測定して算出する。

解説　ウッドデッキやベランダが隣地境界線より 1m 未満になった場合は、目隠しの設置義務が生じる。

（請負人の担保責任）
第 634 条　仕事の目的物に瑕疵があるときは、注文者は、請負人に対し、相当の期間を定めて、その瑕疵の
　　修補を請求することができる。ただし、瑕疵が重要でない場合において、その修補に過分の費用を要するときは、
　　この限りでない。
2　注文者は、瑕疵の修補に代えて、又はその修補とともに、損害賠償の請求をすることができる。この場合に
　　おいては、第 533 条の規定を準用する。

（同時履行の抗弁）
第 533 条　双務契約の当事者の一方は、相手方がその債務の履行を提供するまでは、自己の債務の履行を拒
　　むことができる。ただし、相手方の債務が弁済期にないときは、この限りでない。

注意　2020 年 4 月 1 日の改正民法の施行により、上記 634 条は下記の 636 条に改正される。

（請負人の担保責任の制限）
636 条　請負人が種類又は品質に関して契約の内容に適合しない仕事の目的物を注文者に引き渡したとき（そ
　　の引渡しを要しない場合にあっては、仕事が終了した時に仕事の目的物が種類又は品質に関して契約の内容
　　に適合しないとき）は、注文者は、注文者の供した材料の性質又は注文者の与えた指図によって生じた不適
　　合を理由として、履行の追完の請求、報酬の減額の請求、損害賠償の請求及び契約の解除をすることができ
　　ない。ただし、請負人がその材料又は指図が不適当であることを知りながら告げなかったときは、この限りで
　　ない。

（目的物の種類又は品質に関する担保責任の期間の制限）
637 条　前条本文に規定する場合において、注文者がその不適合を知った時から一年以内にその旨を請負人
　　に通知しないときは、注文者は、その不適合を理由として、履行の追完の請求、報酬の減額の請求、損害
　　賠償の請求及び契約の解除をすることができない。
2　前項の規定は、仕事の目的物を注文者に引き渡した時（その引渡しを要しない場合にあっては、仕事が終
　　了した時）において、請負人が同項の不適合を知り、又は重大な過失によって知らなかったときは、適用しない。

主な参考・引用文献

日本エクステリア学会『エクステリアの施工規準と標準図及び積算　塀編』建築資料研究社、2014

日本エクステリア学会『エクステリアの施工規準と標準図及び積算　床舗装・縁取り・土留め編』建築資料研究社、2017

日本エクステリア学会『エクステリアの植栽　基礎からわかる計画・施工・管理・積算』建築資料研究社、2019

国土交通省大臣官房官庁営繕部監修『公共建築工事標準仕様書（建築工事編）平成31年版』公共建築協会、2019

『建築工事標準仕様書・同解説 JASS 5 鉄筋コンクリート工事』日本建築学会、2018

『建築工事標準仕様書・同解説 JASS 7 メーソンリー工事』日本建築学会、2009

『建築工事標準仕様書・同解説 JASS 15 左官工事』日本建築学会、2019

『建築工事標準仕様書・同解説 JASS 19 陶磁器質タイル張り工事』日本建築学会、2012

『壁式構造関係設計規準集・同解説（メーソンリー編）』日本建築学会、2006

『ブロック塀施工マニュアル』日本建築学会、2007

『インターロッキングブロック舗装設計施工要領』インターロッキングブロック舗装技術協会、2017

『れんが塀など工作物設計施工要領』日本景観れんが協会、2007

『れんがブロック舗装設計施工要領』日本景観れんが協会、2007

『タイル手帖』全国タイル業協会、2016

森本幸裕、増田拓朗「踏圧による土壌の圧密と樹木の生育状況について」『造園雑誌 39』日本造園学会、1975

中村大（北見工業大学工学部社会環境工学科准教授）ら「JR北見駅駐車場レンガ壁で生じた凍害の発生メカニズムの解明」『Journal of MMIJ』vol.132、No1、2016、資源・素材学会

国土交通省都市・地域整備局監修『植栽基盤整備技術マニュアル』日本緑化センター、2009

主な参考・引用資料（WEB サイト）

全国建築石材工業会／石の種類
https://www.kenchikusekizai.org/type/

日本アスファルト協会／入門講座
http://www.askyo.jp/knowledge/

日本エクステリア工業会／エクステリア製品の豆知識
http://www.j-exterior-ia.jp/5/data/data_150930-2.pdf

農林水産省／土壌診断の方法
https://www.maff.go.jp/j/seisan/kankyo/hozen_type/h_sehi_kizyun/pdf/ktuti6.pdf

eco グリーンネットワーク／緑化技術情報
http://eco-gnw.com/technology/index.html

気象庁／天気予報等で用いる用語／風の強さと吹き方
https://www.jma.go.jp/jma/kishou/know/yougo_hp/kazehyo.html

全国建築コンクリートブロック工業会／あんしんなブロック塀をつくるためのガイドブック シリーズ 2 設計者編
https://www.jcba-jp.com/useful/designer.php

日本木材加工技術協会 木材・プラスチック複合材部会／ウッドプラスチックのしおり
http://wtak.jp/wpc_r/intro_wpc.html

＊各ページ内にも参考・引用文献や資料は示しています

一般社団法人　日本エクステリア学会　事務局
〒101-0046　東京都千代田区神田多町 2-5 喜助神田多町ビル 401
TEL　03-6285-2635　　FAX　03-6285-2636
http://es-j.net/　　front@es-jp18.net

クレーム事象から学ぶ
「エクステリア工事」設計・施工のポイント Part1

発行	2020年3月10日　初版第1刷
	2023年5月30日　　　第2刷
編著者	一般社団法人 日本エクステリア学会
発行人	馬場 栄一
発行所	株式会社 建築資料研究社
	〒171-0014 東京都豊島区池袋2-38-1 日建学院ビル 3F
	tel. 03-3986-3239
	fax.03-3987-3256
	https://www.kskpub.com/
装丁	加藤 愛子（オフィスキントン）
印刷・製本	大日本印刷 株式会社

ISBN 978-4-86358-685-7
© 建築資料研究社 2020, Printed in Japan